引黄灌区管道输水灌溉工程技术

张庆华 等著

黄河水利出版社

· 郑 州 ·

内 容 提 要

本书主要介绍了黄河下游引黄灌区管道输水灌溉的规划设计与管理技术,主要内容包括:黄河下游水沙特征与特性分析、引黄灌区管道输水试验与分析、管道输水灌溉规模优化方法、引黄灌区管道输水防淤技术措施、管道输水运行管理制度与考核、引黄灌区管道输水灌溉计算机软件等。

本书可作为教学、科研及工程技术人员进行管道输水灌溉工程规划设计、管理、科学研究等的参考用书。

图书在版编目(CIP)数据

引黄灌区管道输水灌溉工程技术/张庆华等著. —郑州:黄河水利出版社,2015.4

ISBN 978 - 7 - 5509 - 1120 - 8

Ⅰ. ①引… Ⅱ. ①张… Ⅲ. ①黄河 - 灌区 - 输水管道 - 灌溉工程 Ⅳ. ①S277

中国版本图书馆 CIP 数据核字(2015)第 085552 号

组稿编辑:李洪良 电话:0371 - 66026352 E-mail:hongliang0013@163.com

出 版 社:黄河水利出版社
地址:河南省郑州市顺河路黄委会综合楼14层 邮政编码:450003
发行单位:黄河水利出版社
发行部电话:0371-66026940、66020550、66028024、66022620(传真)
E-mail:hhslcbs@126.com
承印单位:河南省瑞光印务股份有限公司
开本:787 mm×1 092 mm 1/16
印张:8.25
字数:191 千字 印数:1—1 000
版次:2015 年 4 月第 1 版 印次:2015 年 4 月第 1 次印刷
定价:38.00 元

前 言

随着全球性水资源供需矛盾的日益加剧,发展高效节水农业已成为现代化农业可持续发展的重要措施,同时也是缓解水资源危机的有效途径之一。就黄河流域而言,随着流域经济的快速发展,水资源供需矛盾日益突出。特别是黄河下游地区,除黄河水资源相对比较充沛外,其他可利用的地表水资源匮乏,地下水的开采已基本达到了本地区环境的极限承载能力。然而,作为流域用水大户的农业灌溉,长期以来引黄灌区大多采用明渠输水、地面灌溉,渗漏、蒸发现象严重,灌溉水利用率低。因此,面对水资源的不足及农业用水效率低的实际情况,黄河下游灌区发展管道输水灌溉成为该地区高效节水灌溉的发展趋势。

泥沙含量大是黄河水的最大特征,是制约发展管道输水灌溉的重要因素之一,因此引黄灌区发展管道输水灌溉首要的问题是解决泥沙淤积及淤堵问题。为此,作者在水利部公益性行业科研专项经费项目——"滨海地区农业高效节水技术与示范项目(项目编号:201201115)"子课题——"大规模管道输水灌溉工程设计技术研究"的资助下,对引黄灌区管道输水灌溉工程设计及管理运行等技术问题进行了研究。本书依据该课题的研究成果总结而成,主要内容包括:黄河下游水沙特征与特性分析、引黄灌区管道输水试验与分析、管道输水灌溉规模优化方法、引黄灌区管道输水防淤技术措施、管道输水运行管理制度与考核、引黄灌区管道输水灌溉计算机软件等。

本书由山东农业大学张庆华、招远市水务局秦永胜、甘肃大禹节水集团股份有限公司曹三海撰写,其中张庆华撰写第1、2、4、6章,秦永胜撰写第5章,曹三海撰写第3章,全书由张庆华负责统稿、定稿。参加本课题研究工作的还有山东农业大学毛伟兵教授、宋学东教授、孙玉霞老师,研究生姜金利、程明、张瑞娥等做了大量试验测试等工作,水利水电工程专业2011级王田田同学参与了本书计算机软件编程工作;山东省水利科学研究院、山东省小开河引黄灌区等为课题的研究提供了支持与帮助,在此一并表示感谢。

本书由水利部公益性行业科研专项经费项目(项目编号:201201115)资助出版。在本书成稿之际,向所有为本课题研究及本书出版提供支持和帮助的同仁表示衷心感谢。受学识视野和水平所限,书中难免存在疏漏和不妥之处,敬请同行、专家批评指正。

作 者

2014 年 12 月

目　录

第 1 章　黄河下游水沙特征与特性分析

黄河是中国的第二大河,发源于青藏高原巴颜喀拉山北麓约古宗列盆地,蜿蜒东流,穿越黄土高原及黄淮海大平原,注入渤海。干流全长 5 464 km,水面落差 4 480 m。流域总面积 79.5 万 km²(含内流区面积 4.2 万 km²)。河口镇以上为上游,河道长 3 472 km,流域面积 42.8 万 km²;河口镇至桃花峪为中游,河道长 1 206 km,流域面积 34.4 万 km²;桃花峪以下为下游,河道长 786 km,流域面积只有 2.3 万 km²。

本书的研究区域为黄河下游滨海地区,主要指黄河山东段。本章依据黄河山东段的高村、艾山及利津三个水文测站观测资料,分析黄河下游水沙特征与特性。

黄河从山东省东明县入境,呈北偏东流向,经 9 市 25 个县(市、区),在垦利县注入渤海,全长 628 km。河道特点是上宽下窄,比降上陡下缓,排洪能力上大下小。自东明上界到高村长 56 km,属游荡型河段,两岸堤距 5 ~ 20 km,排洪能力 20 000 m³/s,比降约为 1/6 000;高村至陶城铺长 164 km,属过渡型河段,堤距 1 ~ 8 km,排洪能力 11 000 ~ 20 000 m³/s,比降约为 1/8 000;陶城铺至利津长 298 km,属弯曲型窄河段,堤距 0.5 ~ 4 km(其中艾山卡口宽 275 m),排洪能力 11 000 m³/s,比降约为 1/10 000;利津以下为摆动频繁的尾闾段,泥沙不断堆积,平均年造陆面积为 25 ~ 30 km²。

黄河高村水文站位于山东省菏泽市东明县境内,是黄河入山东第一个水文站,也是黄河流入山东的重要控制站,测验河段位于黄河下游游荡型河段的末端。断面距河口 579.1 km,集水面积 734 146 km²。艾山水文站位于山东省聊城市境内,是黄河入山东第二个水文站,也是黄河流入山东的重要控制站。艾山和对面的外山两山夹持,形成天然的卡口,是黄河下游最窄处,俗称艾山卡口,河宽仅有三四百米,最窄处仅 270 多 m。利津水文站设立于 1934 年,站址位于山东省利津县利津镇刘夹河村,是国家重要水文站及黄河的最后一个水文站,也是黄河入海的水沙控制站和黄河水资源统一调度最重要的依据。

1.1　径流量

1.1.1　月径流量

根据《黄河泥沙公报》,2006 ~ 2011 年黄河下游干流高村、艾山、利津水文站实测月径流量见表 1-1,各水文站各月平均径流量分布见图 1-1,汛期(7 ~ 10 月)与非汛期平均径流量分布见图 1-2。

表 1-1　黄河下游山东段各水文站实测月径流量统计

站名	年份	月径流量（亿 m³）											
		1 月	2 月	3 月	4 月	5 月	6 月	7 月	8 月	9 月	10 月	11 月	12 月
高村	2006	9.080	9.483	26.380	22.390	25.820	64.020	23.600	24.240	22.140	16.180	11.280	11.380
	2007	7.901	5.685	19.980	19.230	11.760	37.070	32.140	41.780	21.070	28.390	20.350	14.490
	2008	12.830	12.340	22.230	21.670	18.190	39.400	23.280	9.642	19.280	16.710	13.220	11.600
	2009	9.240	15.340	17.200	15.990	11.780	37.070	20.860	10.930	17.060	22.360	16.980	14.120
	2010	10.280	8.322	20.140	14.620	17.570	37.840	40.710	43.930	22.860	19.100	12.340	10.820
	2011	8.919	10.450	21.450	16.930	12.960	30.840	27.320	12.530	29.550	31.870	26.960	32.410
	平均	9.708	10.270	21.230	18.472	16.347	41.040	27.985	23.842	21.993	22.435	16.855	15.803
艾山	2006	9.669	6.653	19.610	19.340	25.020	62.470	23.970	25.180	22.580	13.530	10.130	8.383
	2007	6.937	3.508	17.030	14.070	9.990	29.810	34.020	47.680	24.160	27.590	20.550	13.820
	2008	11.280	10.260	13.870	17.000	16.180	33.700	27.320	10.710	17.520	15.560	12.100	11.300
	2009	7.607	8.854	15.160	14.260	9.990	32.140	23.970	12.430	17.290	19.310	14.130	12.830
	2010	8.785	7.306	13.120	11.740	11.760	30.840	42.850	47.410	26.440	21.960	12.050	7.848
	2011	6.562	5.661	16.150	14.570	10.710	24.730	28.120	13.690	30.590	32.680	24.990	30.270
	平均	8.473	7.040	15.823	15.163	13.942	35.615	30.042	26.183	23.097	21.772	15.658	14.075
利津	2006	8.571	4.306	5.089	8.450	19.980	57.280	22.100	24.530	20.110	9.508	7.258	4.473
	2007	5.732	2.564	6.294	3.888	4.446	23.980	35.890	47.940	20.870	24.910	18.380	9.321
	2008	7.848	6.580	4.553	7.439	14.380	27.990	27.050	5.437	14.850	13.180	9.953	6.294
	2009	5.250	2.782	4.714	3.992	5.785	25.450	25.280	10.180	13.190	15.320	12.080	8.785
	2010	7.285	5.225	5.009	3.888	4.500	23.820	39.100	49.550	27.730	16.790	7.309	2.759
	2011	3.000	1.609	2.352	2.825	4.741	17.060	28.120	12.350	27.730	32.140	24.600	27.860
	平均	6.281	3.844	4.669	5.080	8.972	29.263	29.590	24.998	20.747	18.641	13.263	9.915

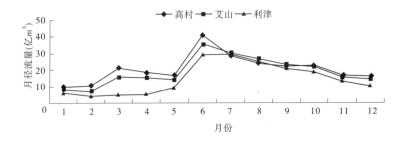

图 1-1　2006～2011 年黄河下游山东段各水文站月平均径流量分布图

由图 1-1 看到,黄河下游山东段月径流量变化较大,全年中以 6 月径流量最大,三个测站中各月径流量大小依次为高村、艾山及利津,即上游径流量大于下游径流量。由图 1-2 看到,2006～2011 年,黄河下游山东段汛期径流量约占到年径流量的 40% 以上,其中高村站为 39.13%,艾山站为 44.57%,利津站为 53.63%,下游汛期径流量比例大于上游。

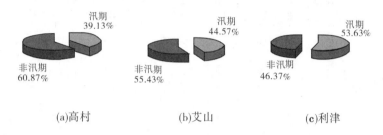

(a)高村　　　　　　　　(b)艾山　　　　　　　　(c)利津

图 1-2　2006～2011 年黄河下游山东段各水文站汛期与非汛期平均径流量分布图

1.1.2　年径流量

2005～2011 年黄河干流山东段水文站实测年径流量及多年均值统计见表 1-2、图 1-3。由表 1-2 看到,2005～2011 年黄河山东段年平均径流量,高村站为 245.6 亿 m³,艾山站为 229.5 亿 m³,利津站为 179.7 亿 m³;1987～2010 年平均年径流量,高村站为 227.5 亿 m³,艾山站为 202.7 亿 m³,利津站为 148.1 亿 m³;而多年平均径流量高村站为 336.5 亿 m³,艾山站为 337.9 亿 m³,利津站为 301.4 亿 m³。从图 1-3 看到,2005～2011 年各站的年径流量均小于多年平均值,而高村站、艾山站大于 1987～2010 年平均值,利津站则小于 1987～2010 年平均值。

表 1-2　黄河干流山东段各水文站实测年径流量与多年均值统计

项目		高村	艾山	利津
集水面积(km²)		734 146	749 136	751 869
年径流量 (亿 m³)	2005 年	243.4	245.4	206.8
	2006 年	265.9	246.6	191.7
	2007 年	259.8	248.7	204.0
	2008 年	220.8	197.1	145.6
	2009 年	208.9	187.9	132.9
	2010 年	258.3	242.0	193.0
	2011 年	262.3	238.6	184.2
	2005～2011 年平均值	245.6	229.5	179.7
	1987～2010 年平均值	227.5	202.7	148.1
	1952～2010 年平均值	336.5	337.9	301.4

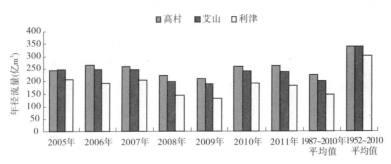

图 1-3　黄河下游山东段各水文站年径流量分布图

1.2　输沙量

1.2.1　月输沙量

根据《黄河泥沙公报》,2006～2011 年黄河下游干流高村、艾山、利津水文站实测月输沙量见表 1-3,各水文站月平均输沙量分布见图 1-4,汛期(7～10 月)与非汛期平均输沙量分布见图 1-5。

表 1-3　黄河下游山东段各水文站实测月输沙量统计

站名	年份	月输沙量(万 t)											
		1 月	2 月	3 月	4 月	5 月	6 月	7 月	8 月	9 月	10 月	11 月	12 月
高村	2006	119.20	265.60	1 497.00	946.10	1 178.00	4 458.00	1 323.00	2 070.00	1 843.00	326.80	191.80	222.60
	2007	64.55	72.66	811.60	627.30	221.00	1 801.00	2 603.00	4 446.00	430.30	878.50	601.30	356.20
	2008	253.10	345.80	824.90	668.70	417.80	1 840.00	3 321.00	108.20	391.40	294.60	233.00	175.70
	2009	160.00	498.00	477.00	402.00	220.00	1 760.00	908.00	180.00	365.00	552.00	301.00	284.00
	2010	118.00	173.00	691.00	376.00	383.00	1 780.00	5 620.00	5 040.00	666.00	562.00	199.00	164.00
	2011	93.20	239.00	579.00	389.00	202.00	1 570.00	2 430.00	182.00	1 380.00	852.00	625.00	1 020.00
	平均	134.68	265.68	813.42	568.18	436.97	2 201.50	2 700.83	2 004.37	845.95	577.65	358.52	370.42
艾山	2006	160.40	119.50	1 224.00	852.80	1 470.00	6 221.00	1 481.00	2 443.00	1 957.00	266.20	159.70	159.10
	2007	99.90	44.60	666.90	378.40	194.70	2 439.00	3 053.00	5 812.00	451.00	1 157.00	585.80	257.70
	2008	195.50	280.60	581.20	528.80	348.20	2 530.00	3 643.00	114.10	404.40	332.10	239.00	247.50
	2009	69.60	213.00	378.00	353.00	132.00	2 300.00	988.00	203.00	505.00	667.00	280.00	252.00
	2010	104.00	80.30	394.00	245.00	246.00	2 150.00	5 650.00	6 160.00	905.00	600.00	225.00	86.80
	2011	43.40	71.10	522.00	319.00	201.00	1 850.00	2 550.00	239.00	1 670.00	1 340.00	912.00	1 630.00
	平均	112.13	134.85	627.68	446.17	431.98	2 915.00	2 894.17	2 495.18	982.07	727.05	400.25	438.85

续表 1-3

站名	年份	月输沙量(万 t)											
		1 月	2 月	3 月	4 月	5 月	6 月	7 月	8 月	9 月	10 月	11 月	12 月
利津	2006	72.58	31.07	98.83	229.90	1 248.00	7 024.00	1 253.00	2 630.00	1 991.00	192.30	67.39	31.34
	2007	47.68	17.29	99.90	47.69	66.96	2 799.00	3 455.00	5 866.00	534.00	1 004.00	655.80	135.50
	2008	62.94	58.63	42.05	126.70	305.30	2 773.00	3 616.00	55.18	290.30	208.90	116.60	66.96
	2009	26.00	29.30	58.70	32.90	62.70	2 700.00	1 600.00	119.00	264.00	412.00	236.00	76.10
	2010	37.80	28.30	31.90	32.40	28.90	2 460.00	5 570.00	7 310.00	876.00	284.00	54.20	8.04
	2011	3.48	3.39	16.30	228.00	46.30	1 750.00	2 650.00	157.00	220.00	1 200.00	482.00	742.00
	平均	41.75	28.00	57.95	116.27	293.03	3 251.00	3 024.00	2 689.53	695.88	550.20	268.67	176.66

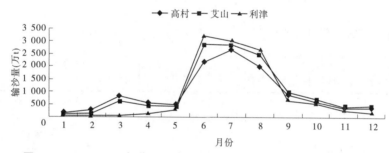

图 1-4 2006~2011 年黄河下游山东段各水文站月平均输沙量分布图

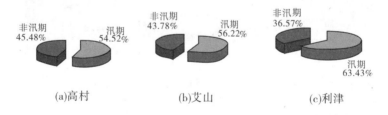

图 1-5 2006~2011 年黄河下游山东段汛期与非汛期平均输沙量分布图

由图 1-4 看到,山东省黄河干流月输沙量变化较大,以 6 月、7 月、8 月三个月输沙量最大。由图 1-5 看到,汛期输沙量占到年输沙量的 50% 以上,其中利津水文站最大,占 63.43%。从表 1-3 看到,2006~2011 年最大月输沙量发生在 2006 年 6 月的利津水文站,为 7 024.00 万 t,而且下游输沙量大于上游输沙量。

1.2.2 年输沙量

2005~2011 年黄河干流山东段各水文站实测年输沙量及多年均值统计见表 1-4、图 1-6。由表 1-4 看到,2005~2011 年黄河山东段年平均输沙量,高村站为 1.20 亿 t,艾山站为 1.37 亿 t,利津站为 1.26 亿 t;1987～2005 年平均年径流量,高村站为 3.50 亿 t,艾山站为 3.58 亿 t,利津站为 2.88 亿 t;而多年平均径流量高村站为 8.03 亿 m³,艾山站为 7.74 亿 m³,利津站为 7.22 亿 t。从图 1-6 看到,各站的年输沙量规律为:多年平均值 > 1987～2005 年平均值 > 2005～2011 年平均值。除 2005～2010 年外,1987～2005 年和多年平均输沙量上游大于下游。

表 1-4　黄河干流山东段各水文站实测年输沙量与多年均值统计

项目		高村	艾山	利津
年输沙量 （亿 t）	2005 年	1.64	2.00	1.91
	2006 年	1.44	1.65	1.49
	2007 年	1.29	1.52	1.47
	2008 年	0.89	0.95	0.77
	2009 年	0.61	0.64	0.56
	2010 年	1.57	1.69	1.67
	2011 年	0.96	1.13	0.93
	2005～2011 年平均值	1.20	1.37	1.26
	1987～2005 年平均值	3.50	3.58	2.88
	多年平均值	8.03	7.74	7.22

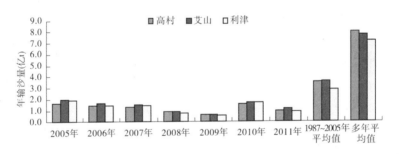

图 1-6　黄河下游山东段年输沙量分布图

1.2.3　引水、引沙量

黄河下游分布有引水涵闸、扬水站和虹吸等 100 多处引水工程,表 1-5 为 2007～2011 年黄河干流山东段引黄渠分河段引水、引沙统计。图 1-7、图 1-8 分别为引水工程年引沙量及平均引水含沙量分布图。

由表 1-5 看到,2007～2011 年黄河下游山东段引水工程平均引水含沙量在 2.197～3.230 kg/m³。由图 1-7 看到,艾山—泺口河段年引沙量大于其他河段,其中以艾山—泺口河段年引沙量最大,年均引沙量为 610.57 t。从图 1-8 看到,平均引水含沙量利津以下河段最小,艾山—泺口河段最大。引水含沙量与引沙量相关,引沙量越大,则引水含沙量越大。

表 1-5　黄河干流山东段引黄渠分河段引水、引沙量统计

项目	年份	高村—孙口	孙口—艾山	艾山—泺口	泺口—利津	利津以下	合计
引水量 （亿 m³）	2007	8.9	6.14	15.45	20	3.47	53.96
	2008	7.91	3.97	16.9	17.49	3.05	49.32
	2009	11.15	15.43	15.35	19	4.2	65.13
	2010	10.21	11.05	22.78	18.95	3.95	66.94
	2011	11.5	8.5	21.07	22.08	4.66	67.81
	平均	9.93	9.02	18.31	19.50	3.87	60.63
引沙量 （万 t）	2007	228	194	400	858	80	1 760
	2008	202	135	526	510	61.2	1 434.2
	2009	261	430.2	390	490	87.6	1 658.8
	2010	238	222.7	936.7	684	101	2 182.4
	2011	242.68	266.33	800.17	464.35	94.53	1 868.06
	平均	234.34	249.65	610.57	601.27	84.87	1 780.70
平均引水 含沙量 （kg/m³）	2007	2.562	3.160	2.589	4.290	2.305	
	2008	2.554	3.401	3.112	2.916	2.007	
	2009	2.341	2.788	2.541	2.579	2.086	
	2010	2.331	2.015	4.112	3.609	2.557	
	2011	2.110	3.133	3.798	2.103	2.029	
	平均	2.380	2.899	3.230	3.099	2.197	

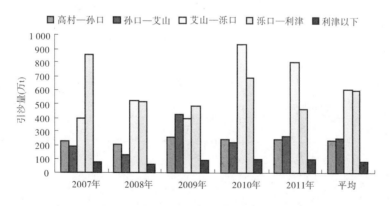

图 1-7　黄河下游引水工程年引沙量分布图

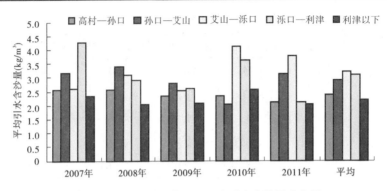

图 1-8　黄河下游引水工程平均引水含沙量分布图

1.3　泥沙特征

1.3.1　含沙量

2006～2011 年黄河干流山东段各水文站实测年最大含沙量及年均含沙量统计见表 1-6。由此看到,2006～2011 年黄河下游山东段最大含沙量发生在每年的 6～8 月,平均年最大含沙量为:高村 58.100 kg/m³,艾山 54.383 kg/m³,利津 46.933 kg/m³。由此,最大含沙量发生在上游。从年平均含沙量来看,高村 4.505 kg/m³,艾山 5.448 kg/m³,利津 6.365 kg/m³,因此年平均含沙量下游高于上游。年最大含沙量及年均含沙量分布见图 1-9、图 1-10。

表 1-6　黄河下游干流山东段各水文站实测含沙量统计

项目	年份	高村	艾山	利津
年最大含沙量 （kg/m³）	2006	73.300	66.500	60.600
	2007	44.200	41.500	39.300
	2008	64.400	62.500	56.000
	2009	10.200	18.100	15.900
	2010	99.800	88.000	69.700
	2011	56.700	49.700	40.100
	平均	58.100	54.383	46.933
出现时间 （月-日）	2006	08-06	08-07	08-09
	2007	07-02	07-03	08-05
	2008	07-03	07-04	07-05
	2009	07-04	06-21	06-25
	2010	07-07	07-08	07-01
	2011	07-07	07-09	07-11

续表 1-6

项目	年份	高村	艾山	利津
年均含沙量 （kg/m³）	2006	5.420	6.690	7.770
	2007	4.970	6.110	7.210
	2008	4.010	4.790	5.300
	2009	2.910	3.380	4.220
	2010	6.080	6.980	8.660
	2011	3.640	4.740	5.030
	平均	4.505	5.448	6.365

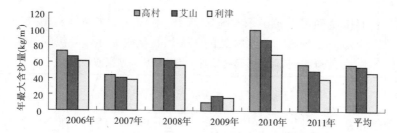

图 1-9　2006～2011 年黄河下游山东段年最大含沙量分布图

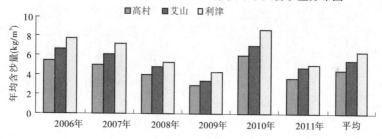

图 1-10　2006～2011 年黄河下游山东段年均含沙量分布图

1.3.2　中数粒径

2006～2011 年黄河干流山东段水文站实测年含沙量中数粒径统计见表 1-7。由此看到,平均中数粒径为高村 0.023 mm、艾山 0.026 mm、利津 0.024 mm,相差不大。中数粒径分布见图 1-11。

表 1-7　黄河下游干流山东段各水文站实测年含沙量中数粒径统计

项目	年份	高村	艾山	利津
年均中数粒径 （mm）	2006	0.022	0.032	0.027
	2007	0.016	0.022	0.027
	2008	0.021	0.022	0.019
	2009	0.038	0.035	0.034
	2010	0.014	0.013	0.013
	2011	0.024	0.031	0.021
	平均	0.023	0.026	0.024

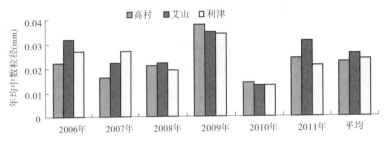

图 1-11　2006 ~ 2011 年黄河下游山东段年均中数粒径分布图

1.3.3　泥沙颗粒级配

表 1-8 ~ 表 1-10 为黄河下游山东段高村、艾山、利津三个水文站实测月平均悬移质泥沙颗粒级配结果,表 1-11 为这三个水文站的年平均悬移质泥沙颗粒级配结果。

表 1-8　黄河下游高村站月平均悬移质泥沙颗粒级配

年份	月份	平均小于某粒径(mm)沙重(体积)百分数(%)											中数粒径(mm)	平均粒径(mm)
		0.002	0.004	0.008	0.016	0.031	0.062	0.125	0.25	0.50	1.00	2.0		
2009	1	5.9	11.5	19.6	30.5	40.1	55.4	82.4	99.2	100			0.050	0.067
	2	4.2	8	13.5	22.3	34.1	56.2	85.9	98.9	100			0.052	0.067
	3	5.8	11.2	19.1	30	42.3	62.6	88.3	99.2	100			0.043	0.058
	4	3.9	7.5	13.2	21.6	33.2	57.4	87	98.8	100			0.051	0.066
	5	3.7	7.3	12.8	20.8	33.1	61.2	91.5	99.2	99.9	100		0.048	0.060
	6	6.0	11.5	19.2	30.2	48.3	76.9	97.7	99.9	100			0.033	0.041
	7	8.4	16.4	27.5	40.8	57.5	82.9	98.9	100				0.024	0.033
	8	3.7	7.2	12.8	20.2	30.8	60.1	93.8	100				0.050	0.057
	9	5.3	10.3	17.4	27.4	41.6	69	95.5	100				0.041	0.048
	10	5.4	10.2	16.9	26.1	39.4	67.1	94.6	100				0.044	0.051
	11	7	13.5	22.8	35.1	49.8	71	93.4	100				0.031	0.046
	12	4.1	7.8	12.9	20.3	30.5	54.8	87.4	99.4	100			0.055	0.066
2010	1	5.2	10.5	18.1	27	36.4	55.9	86.1	99.6	100			0.052	0.064
	2	4.8	9.8	17	26.2	36.5	55.9	85.4	99.5	100			0.051	0.065
	3	4	7.6	13	20.4	32.6	61.3	92.2	100				0.048	0.058
	4	4.7	9.3	16.1	24.9	36.9	61.2	87.4	98.2	100			0.046	0.063
	5	4.8	9.5	17.1	27.9	44.5	72.9	96	100				0.037	0.045
	6	5.4	10.4	17.8	28.6	48.7	80.4	99.1	100				0.032	0.038
	7	14.9	30.4	50.5	69.7	83.3	94.6	99.8	100				0.008	0.017
	8	14.7	28.7	46.9	64.6	77.4	90.5	99	100				0.009	0.021
	9	5.4	10.5	17.9	28.3	42.6	68	93.8	100				0.040	0.050
	10	6.5	12.5	21	32.3	46.7	70.8	95	100				0.035	0.046
	11	5.2	10	16.8	25.8	35.6	56.1	88.2	100				0.052	0.062
	12	6.6	13.2	22.2	33	43	60.6	89	100				0.044	0.056

续表 1-8

年份	月份	平均小于某粒径(mm)沙重(体积)百分数(%)											中数粒径(mm)	平均粒径(mm)
		0.002	0.004	0.008	0.016	0.031	0.062	0.125	0.25	0.50	1.00	2.0		
2011	1	6.7	14.1	24.7	36.7	46.3	60	85.3	99.4	99.9	100		0.038	0.060
	2	4.7	9.2	15.8	24.9	35.9	58.5	89.3	99.9	100			0.049	0.060
	3	5.2	10.4	18.5	30	44	66.9	92.4	100				0.039	0.051
	4	5.1	9.8	16.9	26.9	42.2	69.3	94.1	100				0.040	0.049
	5	4.7	9.5	17	27.6	41.3	64.6	91.3	99.8	100			0.042	0.055
	6	6	11.5	19.7	32.7	53.3	79.9	96.3	99.4	99.9	100		0.028	0.041
	7	13.4	25.7	41.5	58.4	73.3	88.9	98.4	99.8	100			0.011	0.025
	8	7	13.9	24.2	37.6	52.7	75.7	96.5	100				0.028	0.040
	9	8.3	16.3	27.5	42.3	60.1	81.9	97.6	100				0.022	0.034
	10	6.7	13	22	34.4	51.1	75.1	95.4	99.5	100			0.030	0.043
	11	6.3	12.1	20.3	31.8	47.9	73.9	96.1	99.8	100			0.033	0.044
	12	6.2	11.9	19.8	31.3	48	73.8	96.2	100				0.033	0.044
3 年平均		6.28	12.28	20.83	31.91	45.59	68.65	92.68	99.71	99.98	100		0.038	0.050
标准差		2.69	5.35	8.60	11.22	12.22	10.69	4.72	0.43	0.04			0.012	0.013

注:表中 3 年平均为 2009～2011 年的算术平均值。

表 1-9　黄河下游艾山站月平均悬移质泥沙颗粒级配

年份	月份	平均小于某粒径(mm)沙重(体积)百分数(%)											中数粒径(mm)	平均粒径(mm)
		0.002	0.004	0.008	0.016	0.031	0.062	0.125	0.25	0.50	1.00	2.0		
2009	1	6.9	14.2	26.3	40.3	50.5	65.9	89.5	98.7	99.8	100		0.030	0.054
	2	5.9	11.8	21.6	36.7	51.5	70.8	92.3	99.9	100.0			0.029	0.047
	3	4.8	9.7	18.3	29.9	42.8	63.3	89.7	99.9	100.0			0.041	0.056
	4	3.7	7.5	13.9	23.6	34.4	57.4	88.9	99.8	100.0			0.051	0.062
	5	8.1	16.5	30.5	47.4	62.4	77.8	92.5	98.2	100.0			0.018	0.043
	6	6.1	11.6	19.7	33.0	51.1	76.2	94.2	99.0	100.0			0.030	0.045
	7	7.9	15.1	24.8	37.3	53.6	79.7	97.3	99.8	100.0			0.027	0.038
	8	3.5	7.2	13.2	22.1	31.6	53.7	89.1	99.7	100.0			0.056	0.064
	9	4.8	9.4	16.0	25.1	34.8	55.0	87.8	99.7	100.0			0.053	0.064
	10	6.6	12.6	21.1	33.4	47.2	72.4	96.2	100.0				0.034	0.044
	11	6.8	13.2	22.1	34.7	48.4	73.1	96.6	100.0				0.033	0.043
	12	3.9	7.8	13.3	20.8	28.5	48.6	86.3	100.0				0.064	0.069

续表 1-9

年份	月份	平均小于某粒径(mm)沙重（体积)百分数(%)											中数粒径（mm)	平均粒径（mm)
		0.002	0.004	0.008	0.016	0.031	0.062	0.125	0.25	0.50	1.00	2.0		
2010	1	3.4	7	13.5	23.5	35.7	57.7	88.1	99	100			0.050	0.064
	2	5.6	11.5	20.9	33.9	47.5	65.7	90.2	99.9	100			0.034	0.052
	3	4.8	9.9	18.1	29	40.4	60.6	89.8	99.9	100			0.046	0.057
	4	5.9	11.9	21	33.8	47.5	66.3	90.4	99.8	100			0.034	0.052
	5	6.1	12	21.1	33.3	46.8	69.4	94.4	100				0.035	0.047
	6	5.7	10.5	17.4	27	45.4	77	98.1	100				0.035	0.042
	7	17	32.2	50.9	68.1	81	93.5	99.7	100				0.008	0.018
	8	15.6	29.3	47.1	64.8	77	89.4	98.7	100				0.009	0.022
	9	7.2	13.5	21.7	31	41.3	66.3	95.2	100				0.045	0.049
	10	9.4	18.1	30	44	57.5	77.5	96.5	100				0.021	0.037
	11	6.3	12.6	20.9	29.8	36.1	50.5	84.9	100				0.061	0.067
	12	10.2	20.1	33	46.2	56.2	71	92	99.8	100			0.020	0.044
2011	1	9.1	19.6	36.2	53.3	64.3	75.7	92.6	99.6	100.0			0.014	0.040
	2	8.5	17.8	32.2	48.1	58.6	68.8	87.4	98.7	99.9	100		0.018	0.051
	3	4.6	9.2	16.8	27.6	38.2	59.2	90.1	99.7	99.9	100		0.047	0.059
	4	4.2	8.4	15.1	23.6	31.5	53.2	88.7	100.0				0.057	0.064
	5	4.4	9.1	16.7	26.6	35.9	55.9	88.4	99.9	100.0			0.052	0.062
	6	7.6	14.6	24.7	40.9	64.7	88.1	98.3	99.8	100.0			0.021	0.031
	7	11.3	22.1	36.3	51.1	64.7	82.3	96.8	99.9	100.0			0.015	0.032
	8	6.4	13.2	24.7	39.4	51.9	70.4	92.3	99.4	100.0			0.028	0.048
	9	7.3	14.3	24.4	37.8	53.3	75.9	95.8	100.0				0.027	0.041
	10	5.6	10.8	18.2	28.3	39.6	61.8	92.2	100.0				0.047	0.055
	11	6.5	12.9	21.9	33.5	45.2	66.1	93.5	100.0				0.038	0.050
	12	3.7	7.0	11.6	18.7	27.6	52.3	90.6	100.0				0.059	0.064
3 年平均		6.82	13.45	23.20	35.49	47.91	68.01	92.36	99.73	99.98	100		0.036	0.049
标准差		2.98	5.63	8.88	11.40	12.67	11.15	3.84	0.44	0.05			0.015	0.012

注：表中 3 年平均为 2009~2011 年的算术平均值。

表 1-10　黄河下游利津站月平均悬移质泥沙颗粒级配

年份	月份	平均小于某粒径(mm)沙重（体积）百分数(%)											中数粒径（mm）	平均粒径（mm）
		0.002	0.004	0.008	0.016	0.031	0.062	0.125	0.25	0.50	1.00	2.0		
2009	1	9.1	20	35.1	48.9	57.6	72.2	91.7	99.5	100			0.017	0.044
	2	8.8	18.4	31.3	43	47.8	57.6	84.4	100				0.039	0.059
	3	9.4	19.3	34.7	51.2	61.5	72.4	93	100				0.015	0.041
	4	9	18.9	34.6	51.2	62.9	75.5	94.2	100				0.015	0.038
	5	8.9	18.3	34.7	52.7	65.9	78.5	93.1	99.3	100			0.014	0.038
	6	5.4	10.1	17.2	28.9	47.4	76	99.2	100				0.033	0.040
	7	5.5	10.6	17.8	28.1	44.3	72.9	96.8	99.9	100			0.037	0.045
	8	4.3	9	17.7	29.8	39.8	59.4	90.4	100				0.046	0.057
	9	5.9	11.7	20.8	32.4	43.8	64.9	92.3	100				0.041	0.052
	10	5.3	10.2	17.9	28.6	48.2	76.1	95.7	99.7	100			0.033	0.044
	11	7.5	15.1	26.1	38.5	48.9	66.2	91.1	99.6	100			0.033	0.051
	12	13.1	27.5	45.8	61.7	71.5	83	96.1	99.5	99.7	100		0.009	0.031
2010	1	12.5	29.7	50.9	68.9	80	91.6	99.3	100				0.008	0.019
	2	13.7	32.4	56.2	76.3	87.4	94.8	99.5	100				0.007	0.015
	3	10.6	25.6	46.9	68.4	80.4	90.7	98	100				0.009	0.021
	4	10.6	25.2	44.5	63.2	75.9	87.3	97.7	100				0.010	0.025
	5	9.6	23.3	42.2	61.4	72.9	83.7	95.4	100				0.011	0.029
	6	4.1	8.3	15.5	26.8	47.4	78.2	99.3	100				0.033	0.040
	7	12.2	25.7	41.8	57.1	69.9	86.7	98.9	100				0.012	0.026
	8	13.5	26.9	43.7	60	72.9	86.4	98.2	100				0.010	0.026
	9	8.6	19.8	34.2	49	62.3	80	97.3	100				0.017	0.034
	10	10.5	23.5	40.2	58.1	74.2	88.8	98.1	100				0.012	0.025
	11	9.4	21.7	37.7	52.4	63.1	77.5	94.3	100				0.014	0.037
	12	15.2	32.7	51.7	67.4	76.6	84.4	94.2	98.9	100			0.007	0.030

续表 1-10

年份	月份	平均小于某粒径(mm)沙重（体积）百分数(%)											中数粒径（mm）	平均粒径（mm）
		0.002	0.004	0.008	0.016	0.031	0.062	0.125	0.25	0.50	1.00	2.0		
2011	1	16.7	35.5	60.7	81.1	90.6	94.9	96.8	99.1	100			0.006	0.018
	2	18.5	40.6	69.3	89.3	96.6	99.5	100					0.005	0.008
	3	17.5	37.2	65.2	88.5	97.6	99.7	99.9	100				0.006	0.008
	4	13.6	28.9	51.5	73.6	85.5	92.6	98.5	100				0.008	0.018
	5	8.9	19.7	36.5	53.2	61.9	70.5	90.1	99.8	100			0.013	0.044
	6	6.2	11.8	20.1	34	56.2	83.2	98.4	100				0.026	0.035
	7	12	22.8	36.4	50.3	64.8	84.4	98.2	99.9	100			0.016	0.030
	8	8.8	17.7	31.5	47.9	59.1	72.6	93.3	100				0.018	0.041
	9	8.2	15.5	26.2	41	58.8	82	98	100				0.023	0.034
	10	9.7	19	32.8	50	63.5	80	97.1	100				0.016	0.034
	11	8.2	16.1	27.2	40.9	52	69.1	93.6	100				0.028	0.045
	12	7.1	13.6	22.8	35.3	48.3	69.2	94.6	99.9	100			0.033	0.046
3年平均		9.95	21.18	36.65	52.48	64.93	80.07	95.75	99.86	99.97	100		0.019	0.034
标准差		3.57	8.20	13.82	16.80	15.18	10.36	3.42	0.27	0.09			0.012	0.013

注：表中 3 年平均为 2009～2011 年的算术平均值。

表 1-11　黄河下游利津、艾山、高村三个水文站悬移质泥沙颗粒级配年统计值

站名	年份	平均小于某粒径(mm)沙重（体积）百分数(%)									中数粒径（mm）	平均粒径（mm）
		0.002	0.004	0.008	0.016	0.031	0.062	0.125	0.25	0.50		
利津	2009	5.8	11.1	19	30.5	47.1	73.8	97.1	99.9	100	0.034	0.043
	2010	11.3	23.3	38.4	53.6	67.6	85	98.5	100	100	0.014	0.028
	2011	9.10	17.40	28.90	43.40	59.60	80.80	97.40	100.00	100	0.021	0.035
	3年平均	9.56	19.13	31.74	46.01	61.18	81.55	97.89	99.98	100	0.020	0.033
艾山	2009	6.00	11.70	20.00	32.10	47.00	70.60	93.30	99.50	100	0.035	0.049
	2010	13.3	25.2	40.4	55.9	69	85.3	98	100	100	0.012	0.028
	2011	7.20	14.10	23.70	36.20	50.20	71.60	94.40	99.90	100	0.031	0.045
	3年平均	9.96	19.09	31.19	45.08	58.81	78.12	95.96	99.88	100	0.021	0.037

续表 1-11

站名	年份	平均小于某粒径(mm)沙重（体积）百分数（%）									中数粒径（mm）	平均粒径（mm）
		0.002	0.004	0.008	0.016	0.031	0.062	0.125	0.25	0.50		
高村	2009	5.8	11.1	18.7	29.2	43.8	69.4	93.7	99.7	100	0.038	0.049
	2010	11.7	23.3	38.7	54.4	68.4	85.4	97.8	99.9	100	0.013	0.029
	2011	8.2	15.8	26.4	40	56.5	78.7	96.2	99.8	100	0.024	0.039
	3年平均	9.62	18.93	31.54	45.70	60.54	80.59	96.60	99.84	100	0.020	0.035

注：表中 3 年平均值为根据 2009～2011 年年输沙量权重统计得到的。

　　根据表 1-8～表 1-10，将 3 年的观测资料按月进行算术平均，得到各月的泥沙级配，然后按泥沙粒径范围（如 0.002 mm 以下、0.002～0.004 mm 等）统计泥沙含量占总泥沙的百分数，按月、按粒径绘制高村、艾山、利津三站 3 年平均泥沙含量百分数分布分别如图 1-12～图 1-14 所示。高村、艾山、利津三站 2009～2011 年颗粒级配曲线分别如图 1-15～图 1-17 所示，粒径含沙量百分数分布如图 1-18 所示，平均颗粒级配曲线如图 1-19 所示。

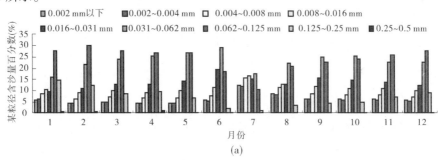
(a)

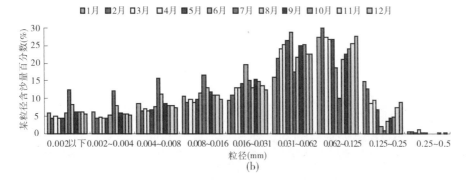
(b)

图 1-12　高村站 2009～2011 年粒径含沙量百分数分布图

　　由上述表、图分析如下：

　　（1）最大粒径。从表 1-8～表 1-10 中看到，2009～2011 年黄河山东段泥沙最大粒径不超过 1 mm，粒径 1 mm 观测到的月数很少，其中高村站发生 3 次，分别为 1 月、5 月、6 月；艾山站 3 次，分别为 1 月、2 月、3 月；利津站仅在 2009 年 12 月观测到 1 次。

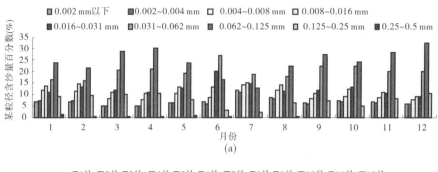

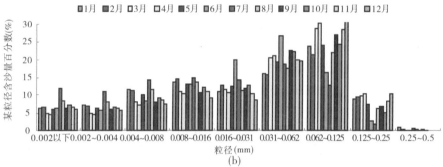

图 1-13　艾山站 2009～2011 年粒径含沙量百分数分布图

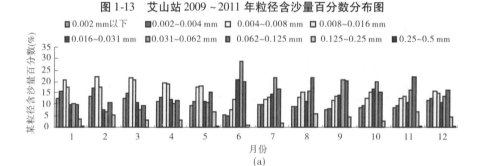

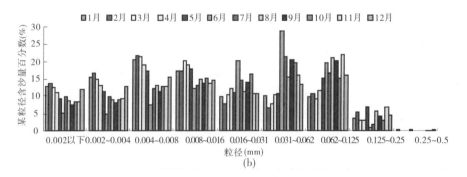

图 1-14　利津站 2009～2011 年粒径含沙量百分数分布图

（2）中数粒径。2009～2011 年黄河山东段泥沙中数粒径在 0.005～0.064 mm，其中高村站 0.008～0.055 mm，平均为 0.020 mm；艾山站 0.008～0.064 mm，平均为 0.021 mm；利津站 0.005～0.046 mm，平均为 0.020 mm。从 3 年平均值看，三个站基本一致，但

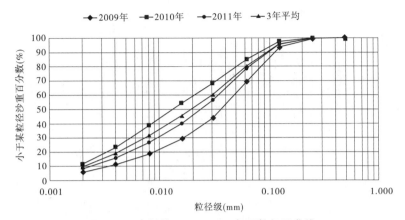

图 1-15 高村站 2009～2011 年颗粒级配曲线

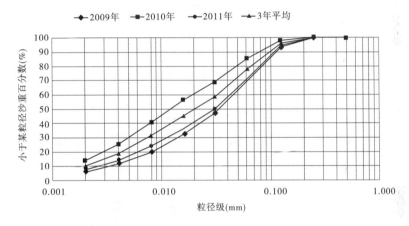

图 1-16 艾山站 2009～2011 年颗粒级配曲线

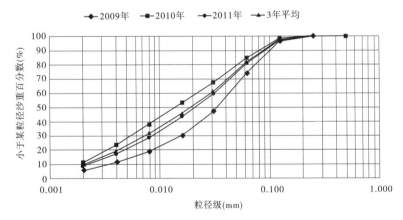

图 1-17 利津站 2009～2011 年颗粒级配曲线

从分布看,利津站较高村站、艾山站小。

（3）平均粒径。2009～2011 年黄河山东段泥沙平均粒径在 0.008～0.069 mm,其中高村站 0.017～0.067 mm,平均为 0.033 mm;艾山站 0.018～0.069 mm,平均为 0.037

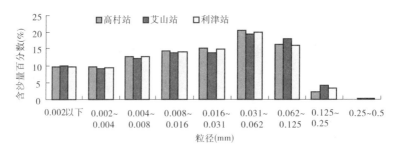

图 1-18　2009 ~ 2011 年各粒径组含沙量百分数分布图

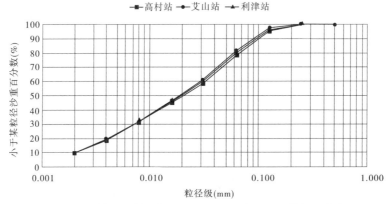

图 1-19　黄河下游山东段 2009 ~ 2011 年平均颗粒级配曲线

mm;利津站 0.008 ~ 0.059 mm,平均为 0.035 mm。从 3 年平均值看,三个站相差不大,但从分布看,利津站较高村站、艾山站小。

（4）颗粒含沙量分布。由图 1-12 ~ 图 1-14 看到,高村站、艾山站粒径 0.031 ~ 0.125 mm 的含沙量占的比例大,泥沙含量超过 40%;利津站 1 ~ 5 月含沙量主要为 0.016 mm 以下的粒径,6 ~ 12 月含沙量主要为 0.016 ~ 0.125 mm 的粒径,从平均看 0.004 ~ 0.125 mm 粒径之间含沙量相差不大,在 12% ~ 15%。

从图 1-15 ~ 图 1-17 看,三个站中各年的颗粒级配曲线有一定差别,但从图 1-19 3 年平均颗粒级配曲线看,三个站差别不大。从图 1-18 也可以看到,三个站各粒径组的泥沙含量差别也不大。

第 2 章　引黄灌区管道输水试验与分析

泥沙含量大是黄河水的最大特征,因此引黄灌区采用管道输水灌溉首要的问题是解决泥沙淤积及淤堵问题。本章通过黄河水管道输送试验与分析,介绍黄河下游引黄灌区管道输水不淤流速及沿程阻力损失的计算方法。

2.1　研究现状

2.1.1　管道输水不淤流速的定义

长期以来,国内外许多学者对不淤流速进行了大量的研究,取得了一批有价值的成果。但是直到现在,关于不淤流速的定义,依然没有一个被广泛认同的准则。Durand (1953) 提出管道底部刚出现颗粒淤积时的流速为极限淤积流速(不淤流速);高桂仙等 (1994)认为泥沙刚出现淤积时的断面平均流速就是不淤流速;周维博等(1994)认为浑水挟带泥沙颗粒能稳定地随水流运动,而不致在管道中淤积的最低流速为不淤流速;费祥俊 (2000)指出不淤流速就是固体颗粒从悬浮状态到在管道底部滑动或者滚动的流速。

从上述研究现状看到,不同学者对管道输水不淤流速的定义不尽相同,但有一个共同点就是以管道底部是否出现淤积作为不淤流速的界限。

为了定义管道输水的不淤流速,有必要分析泥沙在管道中的运动形式。按维持泥沙运动的能量和泥沙运动形式的不同,可以把管道中运动的泥沙分为推移质和悬移质两种。

(1)推移质属于较粗颗粒,一般沿着管道底部,在一定的流速作用下依靠颗粒的离散力支持,以滚动、滑动、跳跃的方式向前运动。颗粒之间以及颗粒与管道壁之间的碰撞消耗部分能量,推移质增加了水流的阻力。当流速过小时,管道底部就会出现淤积,在特定条件下,以运动的沙垄、沙纹向前推进。

(2)悬移质属于较细的泥沙颗粒,以悬移运动为主要形式。在一定的流速作用下离开管底向上悬浮,此时的水流为紊流,紊动能支持颗粒悬浮,使得泥沙颗粒的运动状态和水流基本相同。悬移质的存在增大了水流的水头损失,加大了对动力设备的要求。

从上述泥沙运动的形式看,泥沙在管道中的运行形式可分为推移运动与悬移运动两种。因此,对不淤流速的定义也应该根据泥沙运动形式的不同区别对待。

推移运动的不淤流速是指在水流的推动作用下,泥沙颗粒沿着管道底部向前移动所需要的最低水流速度。此时,水流的速度能为紧贴管道底部的泥沙颗粒推移运动提供足够的能量。悬移运动的不淤流速是指水流在紊流条件下,较细泥沙颗粒在紊能的作用下悬浮随着水流跳跃、翻滚向前运动所需要的最低水流速度。此时,水流的紊能能为泥沙颗粒悬浮提供能量支持,泥沙颗粒不向管底下沉而随水流一起运动。

黄河水泥沙颗粒较细,管道输水中泥沙的运动形式主要为悬移运动。因此,本章讨论的是泥沙悬移运动的不淤流速。

2.1.2 管道输水不淤流速常用的计算方法

对于管道输水不淤流速的计算，国内外许多学者进行了较多的理论分析与试验研究，提出了诸多不淤流速计算的经验公式。目前，常用的有以下计算方法：

（1）B. C. 科诺罗兹公式。

当 $d \leq 0.07$ mm 时： $\qquad V_L = 0.2\beta(1 + 3.43\sqrt[4]{C_d D^{0.75}})$ （2-1a）

当 0.07 mm $< d \leq 0.15$ mm 时： $V_L = 0.255\beta(1 + 2.48\sqrt[3]{C_d}\sqrt[4]{D})$ （2-1b）

当 0.15 mm $< d \leq 0.4$ mm 时： $V_L = 0.85\beta(0.35 + 1.36\sqrt[3]{C_d D^2})$ （2-1c）

当 0.4 mm $< d \leq 1.5$ mm 时： $V_L = 0.85\dfrac{d}{0.4}\beta(0.35 + 1.36\sqrt[3]{C_d D^2})$ （2-1d）

式中 　d——泥沙中数粒径，mm；

　　　V_L——临界不淤流速，m/s；

　　　β——相对密度修正系数，$\beta = (\rho_s - 1)/1.7$；

　　　ρ_s——泥沙密度，g/cm³；

　　　C_d——重量含沙量（%）；

　　　D——管道管径，mm。

（2）瓦斯普公式。

$$V_L = F_L\left(2gD\frac{\rho_s - \rho}{\rho}\right)^{\frac{1}{2}}\left(\frac{d}{D}\right)^{\frac{1}{6}}$$ （2-2）

其中： $\qquad\qquad\qquad\qquad F_L = 3.28 S_V^{0.243}$

式中 　F_L——与体积含沙量 S_V（体积含沙量）有关的参数；

　　　g——重力加速度，m/s²；

　　　D——管道管径，m；

　　　ρ_s——泥沙密度，g/cm³；

　　　ρ——水的密度，g/cm³；

　　　其他符号意义同上。

（3）何武全经验公式。

何武全综合分析了现有的研究成果和试验资料，认为临界不淤流速的主要影响参数有含沙量、泥沙密度、管径、泥沙粒径四个，选取宝鸡峡灌区干渠夏灌淤沙为试验沙样（沙样密度为 2.65×10^3 kg/m³，中数粒径 0.033 mm），通过试验提出了如下的不淤流速经验公式：

$$V_L = 1.864\,4 K S_W^{0.234\,1}\sqrt[4]{gD\omega^2\frac{\rho_s - \rho}{\rho}}$$ （2-3）

式中 　g——重力加速度，m/s²；

　　　S_W——重量含沙量（%）；

　　　ρ——水的密度，g/cm³；

ρ_s——泥沙密度，g/cm^3；

D——管道管径，m；

ω——泥沙自由沉降速度，mm/s；

K——管道灌溉形式修正系数，当为加压管道灌溉系统时 $K=1$，当为自压管道灌溉
　　　形式时 $K=1.01\sim1.05$。

（4）张英普经验公式。

张英普在试验时选取了黄河最大支流渭河泥沙作为试验材料，参考了舒克和杜兰德的试验结果及研究方法，采用回归分析法得出计算临界不淤流速的经验公式为：

$$V_L = 0.2799 S_V^{0.1847} \omega^{\frac{1}{2}} \sqrt[4]{gD\frac{\rho_s-\rho}{\rho}} \tag{2-4}$$

式中符号意义同上，但 D 为管道管径，按 mm 计。

（5）其他公式。

石河子大学安杰等选取我国西北地区多泥沙河流天然河沙（中数粒径 0.15 mm，泥沙密度为 2.65×10^3 kg/m^3）作为试验材料，参考杜兰德公式和舒克公式，采用回归分析法，得出低压浑水管道输水临界不淤流速的经验公式为：

$$V_L = 7.441 S_V^{0.1937} \sqrt[4]{g\omega^2 D\frac{\rho_s-\rho}{\rho}} \tag{2-5}$$

式中　　V_L——临界不淤流速，m/s；

g——重力加速度，m/s^2；

S_V——体积比含沙量，L/m^3；

ρ_s——泥沙密度，g/cm^3；

D——管径，m；

ω——泥沙自由沉降速度，m/s，取 d_{50} 对应的沉降速度；

ρ——水的密度，g/cm^3。

由上述分析看到，管道输水不淤流速的计算公式较多，从国内学者提出的计算公式来看，大多参考了舒克公式和杜兰德公式的形式，但由于是用不同沙样进行的试验，公式系数不一致，这也限制了公式的应用。另外，从目前的研究来看，还没有针对黄河下游泥沙方面的试验研究，因此本研究对黄河下游管道输水灌溉很有意义。

2.1.3　浑水输水水流阻力研究

引黄管道输水灌溉规划设计中，水头损失是重要参数之一，其正确性不仅影响到工程设计，更影响到工程的运行。在浑水管道水流中，由于泥沙的存在，将或多或少地影响水流的黏性，影响水流的紊动结构，因而势必影响水流的能量转换和能量损失。因此，浑水管道阻力损失将有别于清水管道阻力损失（张英普，2004）。

目前，对管道泥沙水流的研究，大多学者均以管道输送矿物质固体颗粒为目的而展开试验研究，对浑水管道输水的研究不多。就管内流体的流变特性而言，在管道输水系统中，其浑水水流皆为牛顿体，而管道输送中的浆液可以是牛顿体，也可以是非牛顿体，但更多的是非牛顿体。从理论上讲，由于水流流型的不同，其流变方程不同，管道输水系统阻

力损失规律将不同于管道输送。然而,由于缺少有关浑水管道阻力损失规律的试验研究资料和计算依据,在以往渠灌区管道输水系统规划设计中,管道水力计算或借用清水管道阻力损失公式,或采用管道输送有关阻力损失公式。显而易见,其结果无论是在适用性上,还是在准确性、可靠性上都存在一定的缺陷。因此,通过浑水管道阻力损失规律试验,正确把握其特殊性、规律性,对于弥补上述缺陷,推动和促进管灌技术在浑水灌区的推广应用具有重要意义。

关于管道输送中阻力损失的计算,广泛采用 Durand 模型。Durand 模型基于重力理论(钱宁,1983),认为固体颗粒的悬浮需要从平均水流中消耗一部分能量,固液两相流的能量消耗大于纯液体流的能量消耗。该计算模型把阻力损失表示为清水阻力损失和附加阻力损失两部分之和,具体形式为:

$$J_{\mathrm{m}} = J_0 + KC_{\mathrm{V}} \left(\frac{\sqrt{gD}}{V} \right)^3 \left(\frac{\bar{\omega}}{\sqrt{gd_{50}}} \right)^{1.5} J_0 \tag{2-6}$$

式中,J_{m} 为两项流总阻力损失,第一项 J_0 为清水阻力损失,第二项为附加阻力损失。

有的学者通过试验对浑水输水情况下的水流阻力进行了研究,提出了阻力系数、水力坡度等计算经验公式。例如,任增海(1989)通过对粗糙管中均质高含沙水流阻力试验研究,提出了浑水输水阻力平方区沿程阻力系数和水力坡度的计算公式:

$$\lambda_{\mathrm{m}} = \frac{1}{\left(0.884\ln \dfrac{D}{\Delta} + 0.951 \right)^2} \tag{2-7}$$

$$J = \frac{1}{\left(0.884\ln \dfrac{D}{\Delta} + 0.951 \right)^2} \times \left(\frac{\gamma_{\mathrm{m}} - \gamma}{\gamma} S + 1 \right) \frac{V}{2gD} \tag{2-8}$$

式中　λ_{m}——浑水阻力系数;

D——管径;

Δ——管壁糙度突起高度;

J——用清水水柱高度定义的水力坡度;

γ_{m}——浑水容重;

γ——清水容重;

S——浑水含沙量;

V——水流流速。

式(2-8)表明,粗糙管中均质高含沙水流的阻力损失在阻力平方区内与含沙量 S 成正比。用式(2-8)比较在同流速时清、浑水的阻力损失,当 $S=0$ 时为清水阻力损失,当 $S>0$ 时为浑水阻力损失,从该式可以明显看出,浑水阻力损失总是大于同流速的清水阻力损失,含沙量越高,阻力损失大得越多。

张英普等(2004)通过浑水管道阻力损失规律的试验研究,提出了浑水水力坡度的计算公式为:

$$J_{\mathrm{m}} = J \left[1 + 1.4711 S_{\mathrm{V}} \left(\frac{V^2}{gD} \times \frac{\sqrt{\dfrac{\rho_{\mathrm{s}} - \rho}{\rho} gd}}{\omega} \right)^{-0.3254} \right] \tag{2-9}$$

式中　J_m——用浑水水柱高度定义的水力坡度；

　　　J——清水水力坡度；

　　　d——泥沙粒径，取 d_{50} 值。

孙东坡和王二平(2004)选择典型堤防淤筑工程与典型管道泥浆输送施工设备,采用现场观测对泥浆管道阻力系数进行了试验研究。利用实测管道压力、流量、含沙量等数据对高含沙水流阻力特性进行分析,给出了常规条件下沿程阻力系数与综合泥浆因子间相关关系及计算方法。同时还对典型管道泥浆局部阻力进行了分析研究,提出了在考虑水流强度、泥沙因子的条件下泥浆局部阻力系数的确定方法。

泥浆管道阻力系数计算公式为：

$$\lambda_0 = 6.193S^{*3} - 3.369S^{*2} + 0.602S^* - 0.008 \tag{2-10}$$

$$S^* = S_V\left(\frac{d_{50}}{D}\frac{\gamma_m}{\gamma}\right) \tag{2-11}$$

式中　λ_0——泥浆水沿程阻力系数；

　　　S^*——综合泥浆因子；

　　　S_V——泥浆水流体积含沙量(%)；

　　　d_{50}——泥浆中数粒径,mm；

　　　D——管径,mm；

　　　γ_m——泥浆容重,kg/m³；

　　　γ——清水容重,kg/m³。

泥浆管道局部阻力系数计算公式为：

$$\frac{\zeta}{\zeta_0} = k\ln Re + m \tag{2-12}$$

式中　ζ——泥浆管道局部阻力系数；

　　　ζ_0——清水管道局部阻力系数；

　　　k、m——形态影响系数。

k、m 的取值取决于管道边界局部改变形式,在常见的雷诺数变化区间：

(1)对于折线段,浑水雷诺数 $3 \times 10^5 < Re < 7 \times 10^5$ 时：$k = -9.5128$；$m = 132.03$。

(2)对于弧线段,浑水雷诺数 $2.5 \times 10^5 < Re < 6.7 \times 10^5$ 时：$k = -18.773$；$m = 253.47$。

2.2　试验材料与方法

2.2.1　试验材料

临界不淤流速的主要影响参数有含沙量、泥沙密度、管径、泥沙粒径四个,而泥沙容重、泥沙粒径与沙样有关,因此试验材料主要包括泥沙及管径。

2.2.1.1　试验沙样

1.级配选择依据

本研究的范围为黄河下游山东段,因此试验泥沙应取自黄河山东段的泥沙。由第 1

章分析看到,高村、艾山、利津三个水文测站位于黄河山东段的上、中、下游,三个站中各年的颗粒级配曲线有一定差别,但从图 1-19 3 年平均颗粒级配曲线看,三个站差别不大。从图 1-18 也可以看到,三个站各粒径组的泥沙含量差别也不大,其中高村站与艾山站比较接近。因此,试验沙样的颗粒级配以高村站、艾山站的近 3 年的平均值为参考,同时考虑到黄河水泥沙年内的变化,如表 2-1 所示。

表 2-1　试验沙样颗粒级配选用参考

水文站		平均小于某粒径(mm)沙重(体积)百分数(%)									中数粒径(mm)	平均粒径(mm)
		0.002	0.004	0.008	0.016	0.031	0.062	0.125	0.25	0.50		
艾山	最小值	3.4	7.0	13.5	18.7	27.6	48.6	84.9	98.2	99.8	0.008	
	最大值	11.3	22.1	50.9	51.1	81	88.1	99.7	100	100	0.064	
	平均值	9.96	19.09	31.19	45.08	58.81	78.12	95.96	99.88	100	0.021	0.037
高村	最小值	3.7	7.2	12.8	20.2	30.5	54.8	82.4	98.2	99.9	0.008	
	最大值	14.90	30.40	50.50	69.70	83.30	94.60	99.80	100.0	100.0	0.055	
	平均值	9.62	18.93	31.54	45.70	60.54	80.59	96.60	99.84	100	0.020	0.035

2. 泥沙样品

因直接从黄河中取泥沙困难,本试验泥沙样品取自山东省小开河灌区渠首、沉沙池、输沙渠中游四支渠(距离渠首 25 km 处)等七个点的泥沙(干沙),作为沙料(见表 2-2)。经测试,试验泥沙样品的颗粒级配见表 2-3。泥沙样品级配见图 2-1。

表 2-2　泥沙样品选取位置

泥沙编号	泥沙样品位置
泥沙 1	四支渠出水口
泥沙 2	四支渠出水口以下 1 km
泥沙 3	沉沙池尾部
泥沙 4	四支渠出水口以下 2 km
泥沙 5	沉沙池中部
泥沙 6	沉沙池前部
泥沙 7	渠首

表 2-3　实测泥沙样品颗粒级配

泥沙样品	平均小于某粒径(mm)沙重(体积)百分数(%)										中数粒径(mm)	平均粒径(mm)
	0.002	0.004	0.008	0.016	0.031	0.062	0.125	0.250	0.500	1.000		
泥沙 1	4.10	5.70	6.50	15.60	24.30	52.80	89.10	99.69	99.78	100.00	0.062	0.067
泥沙 2	6.20	8.20	9.20	23.80	43.50	71.80	96.10	99.28	99.72	100.00	0.036	0.048
泥沙 3	17.60	23.10	33.70	50.10	73.10	93.20	97.30	99.60	99.87	100.00	0.017	0.026
泥沙 4	5.60	5.80	8.20	13.80	23.40	52.50	96.80	99.93	99.98	100.00	0.061	0.061
泥沙 5	16.10	21.90	35.90	54.10	77.20	96.30	98.50	99.92	99.94	100.00	0.014	0.021
泥沙 6	2.30	3.70	4.20	8.10	14.10	48.00	95.20	99.90	99.94	100.00	0.056	0.067
泥沙 7	5.60	6.10	7.60	8.30	10.90	39.50	87.20	99.89	99.98	100.00	0.072	0.078

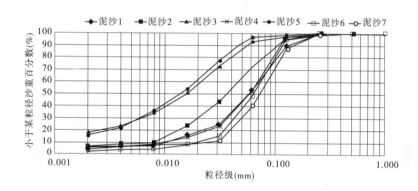

图 2-1　试验泥沙样品级配曲线

3. 试验沙样

由表 2-3 看到,各个泥沙样品级配与表 2-1 有较大差别,因此不能直接用所取的泥沙样品作为试验沙样。经分析,泥沙样品 1、2、3、5 组合后能满足表 2-1 沙样级配的要求,因此本试验沙样 1 由泥沙 1 与泥沙 3 按质量 1∶1 组合而成,沙样 2 由泥沙 2 与泥沙 5 按质量 1∶1 组合而成,组合后的沙样 1、2 实测颗粒级配见表 2-4 和图 2-2。

表 2-4　试验沙样颗粒级配

试验沙样	平均小于某粒径(mm)沙重(体积)百分数(%)										中数粒径(mm)	平均粒径(mm)
	0.002	0.004	0.008	0.016	0.031	0.062	0.125	0.250	0.500	1.000		
沙样 1	11.80	15.90	21.5	34.4	50.2	74.0	98.1	99.1	99.6	100	0.032	0.042
沙样 2	11.10	16.70	22.4	40.1	57.7	79.3	98.2	99.3	99.5	100	0.022	0.037

由表 2-4 和图 2-2 可看到,虽然两个沙样在颗粒级配上与表 2-1 中颗粒级配有一定差

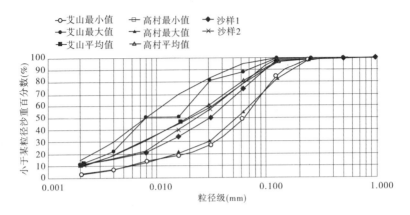

图 2-2 试验沙样颗粒级配曲线

距,但在最大、最小范围之内,而且沙样 2 的中数粒径为 0.022 mm,与表 2-1 的平均中数粒径基本一致;另外,沙样 1 的中数粒径为 0.032 mm,比沙样 2 粗,这样两个沙样具有代表性。

经测试,沙样 1 的泥沙密度为 2.62×10^3 kg/m^3,沙样 2 的泥沙密度为 2.64×10^3 kg/m^3,泥沙 6 的密度为 2.55×10^3 kg/m^3。

2.2.1.2 试验管材与管径

管道输水灌溉常用的管材一般为 PVC、PE 和玻璃钢管,其中 PVC 使用较多,这三种管材的管道糙率相差不大。从目前已进行的浑水管道输水试验看,管材大多选用 PVC 塑料管,试验管径为 90 ~ 200 mm(如 90 mm、110 mm、140 mm、160 mm、200 mm),且大多为一种管径。本试验选用山东莱芜丰田节水器材有限公司生产的 PVC – U 塑料管,管径选用外径为 90 mm、110 mm、125 mm 三种,压力为 0.6 MPa,实际管壁厚分别为 2.5 mm、2.75 mm、3.5 mm。

2.2.2 试验装置

试验在室内进行,试验装置主要包括进水池、搅拌机、水泵、闸阀、电磁流量计、管道系统、测压管、透明观测管等,如图 2-3 所示。

管道系统为 PVC – U 塑料管,总长 55.4 m。透明观测管采用有机玻璃制作,管内径严格控制与 PVC 管内径相同,内径分别为 85 mm、104.5 mm、118 mm,管长为 0.5 m。

水泵选用潜水电泵,扬程 14 m。流量控制及计量段采用闸阀及电磁流量计,管段长 2 000 mm,管内径 90 mm。流量计量采用西安仪表厂生产的电磁流量计,管内径 80 mm,闸阀为直径 110 mm 的球形阀。

进水池为循环水池,设有搅拌机、补水管与溢流管,搅拌机是保证加入进水池的泥沙均匀分布在水中,补水管与溢流管起到稳定进水池水位的作用,以保证流量的稳定。

测压管采用直径 8 mm 的玻璃管,测压管与试验管道测压孔连接采用直径 2 mm 的橡胶管,测压孔位于管道上方,直径为 2 mm,两根测压管之间的管道为水平段。

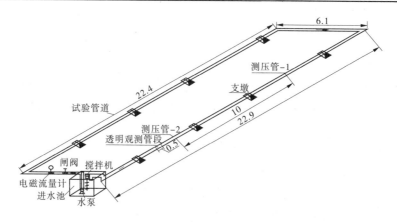

图 2-3 浑水管道输水试验装置示意图 （单位:m）

2.2.3 试验方案

试验按管径分 90 mm、110 mm、125 mm 三组,按泥沙级配分两组,在相同管径、颗粒级配情况下又根据含沙量分为若干方案,如表 2-5 所示。

表 2-5 不淤流速试验方案一览表

管径(mm)	沙样 1(颗粒级配 1)		沙样 2(颗粒级配 2)	
	方案编号	含沙量	方案编号	含沙量
90	90 – 1 – 1	泥沙含量 1	90 – 2 – 1	泥沙含量 1
	90 – 1 – 2	泥沙含量 2	90 – 2 – 2	泥沙含量 2
	⋮	⋮	⋮	⋮
	90 – 1 – n	泥沙含量 n	90 – 2 – n	泥沙含量 n
110	110 – 1 – 1	泥沙含量 1	110 – 2 – 1	泥沙含量 1
	110 – 1 – 2	泥沙含量 2	110 – 2 – 2	泥沙含量 2
	⋮	⋮	⋮	⋮
	110 – 1 – n	泥沙含量 n	110 – 2 – n	泥沙含量 n
125	125 – 1 – 1	泥沙含量 1	125 – 2 – 1	泥沙含量 1
	125 – 1 – 2	泥沙含量 2	125 – 2 – 2	泥沙含量 2
	⋮	⋮	⋮	⋮
	125 – 1 – n	泥沙含量 n	125 – 2 – n	泥沙含量 n

2.2.4　试验方法

2.2.4.1　试验观测

试验采用水力学原型观测法,流量采用电磁流量计测定,阻力损失用测压管观测,水温用酒精温度计测量,临界不淤流速采用目测透明有机玻璃管段进行判断。

2.2.4.2　试验过程

试验按泥沙颗粒级配分两大组进行,试验过程为:

第一大组:泥沙颗粒级配 1——沙样 1

沙样 1——管道管径 90 mm——不同泥沙含量方案;

沙样 1——管道管径 110 mm——不同泥沙含量方案;

沙样 1——管道管径 125 mm——不同泥沙含量方案。

第二大组:泥沙颗粒级配 2——沙样 2

第二大组试验过程与第一大组相同。

每一大组试验完成后,应将进水池中的泥沙清除,换上另外颗粒级配的泥沙重复试验。

2.2.4.3　试验方法

每个泥沙颗粒级配、管径、泥沙含量方案组合情况下,试验方法为:向进水池内加一定量的泥沙,启动搅拌机使池中泥沙均匀分布,开启水泵使管道系统输水运行,同时开启进水管向进水池进水,待进水池水位稳定、流量计流量稳定后,关闭进水池进水管闸阀,此时整个管道系统处于自循环状态。然后,通过闸阀调节管道(水泵)流量(调节一般由大向小变化),同时通过有机玻璃管段观察管中水沙运动情况,通过观测法判断泥沙不淤积的临界状态,当有机玻璃管段底部开始出现泥沙颗粒沉积时,记录流量计测量的管道流量 Q 和水温,利用 $V = Q/A$(A 为管道过水断面面积)计算该方案的不淤流速。同时,从管道出口用量杯接出水样,测量泥沙含量。从而得到不同方案(颗粒级配——管径——泥沙含量——水温——临界不淤流速)的测试结果。

泥沙含量的测试:每个泥沙含量取三组水样,采用烘干法测量。

2.2.4.4　管道沿程阻力损失测量

本试验在管径 110 mm、125 mm 条件下,测量了泥沙 6(沉沙池前部)三个泥沙含量的流量—沿程损失多组数据,管径 110 mm 还测试了沙样 1 的三个泥沙含量的流量—沿程损失多组数据。

沿程损失用测压管测量,测压管间距为 10 m,管道为水平放置,即测压点的高程相等。

2.3　不淤流速试验结果与分析

2.3.1　试验结果整理的相关公式

2.3.1.1　泥沙颗粒沉降速度

根据《河流泥沙颗粒分析规程》(SL 42—2010),当泥沙粒径不大于 0.062 mm 时,采

用司托司可公式,计算泥沙颗粒平均沉降速度:

$$\omega = \frac{g}{1\,800}\left(\frac{\rho_s - \rho_w}{\rho_w}\right)\frac{D^2}{\nu} \tag{2-13}$$

式中　ω——泥沙颗粒平均沉降速度,cm/s;

$\quad\quad D$——沉降粒径,mm;

$\quad\quad \rho_s$——泥沙密度,g/cm^3;

$\quad\quad \rho_w$——清水密度,g/cm^3;

$\quad\quad g$——重力加速度,cm/s^2;

$\quad\quad \nu$——水的运动黏性系数,cm^2/s。

2.3.1.2　泥沙含量的几种表示方式

设泥沙单位体积的重量含沙量为 S_d,则体积含沙量 S_V(%)、重量含沙量 S_W(%)可用下式计算:

$$S_V = \frac{S_d}{\rho_s} \tag{2-14}$$

$$S_W = \frac{S_d}{S_d + \left(1 - \frac{S_d}{\rho_s}\right)\rho_w} \tag{2-15}$$

式中　S_V——体积含沙量(%);

$\quad\quad S_d$——含沙量,kg/m^3;

$\quad\quad S_W$——重量含沙量(%);

$\quad\quad \rho_w$——水的密度,kg/m^3;

$\quad\quad \rho_s$——泥沙密度,kg/m^3。

2.3.1.3　浑水密度

已知含沙量(kg/m^3),浑水密度按下式计算:

$$\rho_m = S_d + \left(1 - \frac{S_d}{\rho_s}\right)\rho_w \tag{2-16}$$

式中　ρ_m——浑水的密度,kg/m^3。

已知重量含沙量(%),浑水密度按下式计算:

$$\rho_m = \frac{S_W}{\rho_s - S_W\rho_s + S_W}(\rho_s - 1) + 1 \tag{2-17}$$

2.3.2　不淤流速试验结果

本研究每组沙样、管径进行了 11 组试验,2 个沙样、3 个管径共进行了 66 组试验,得到不同含沙量的不淤流速等试验结果,见表 2-6、表 2-7。

表 2-6 不同含沙量的不淤流速试验成果(沙样 2)

序号	管径 (mm)	泥沙含量 (kg/m³)	浑水容重 (kg/m³)	水温 (℃)	不淤流量 (m³/h)	不淤流速 (m/s)
1		1.148	1 000.71	15.0	15.810	0.774
2		1.336	1 000.83	16.5	16.525	0.809
3		1.983	1 001.23	17.5	17.386	0.851
4		2.372	1 001.47	18.5	18.046	0.883
5		2.814	1 001.75	21.0	19.012	0.931
6	90	3.202	1 001.99	21.8	19.986	0.978
7		3.965	1 002.46	22.0	20.944	1.025
8		4.025	1 002.50	24.0	21.336	1.044
9		4.748	1 002.95	17.0	22.266	1.090
10		4.943	1 003.07	18.5	23.046	1.128
11		6.143	1 003.82	19.0	24.808	1.214
1		0.893	1 000.55	23.5	22.300	0.722
2		1.189	1 000.74	24.0	24.350	0.789
3		1.424	1 000.88	24.5	25.800	0.836
4		1.837	1 001.14	26.0	26.994	0.874
5		2.150	1 001.34	26.5	28.265	0.915
6	110	2.623	1 001.63	25.5	29.335	0.950
7		3.086	1 001.92	26.0	30.603	0.991
8		3.678	1 002.28	26.5	31.556	1.022
9		4.106	1 002.55	27.0	32.434	1.050
10		4.526	1 002.81	27.5	33.653	1.090
11		4.617	1 002.87	29.0	34.536	1.119
1		1.728	1 001.07	14.5	29.786	0.757
2		2.154	1 001.34	15.0	31.027	0.788
3		2.227	1 001.38	15.5	31.586	0.802
4		2.710	1 001.68	16.0	32.012	0.813
5		2.862	1 001.78	17.5	33.289	0.846
6	125	3.477	1 002.16	18.0	35.047	0.890
7		3.501	1 002.17	18.5	36.356	0.923
8		3.711	1 002.31	19.0	38.615	0.981
9		4.432	1 002.75	15.0	39.284	0.998
10		4.512	1 002.80	15.5	40.865	1.038
11		5.265	1 003.27	17.0	44.687	1.135

表 2-7　不同含沙量的不淤流速试验成果(沙样 1)

序号	管径 (mm)	泥沙含量 (kg/m³)	浑水容重 (kg/m³)	水温 (℃)	不淤流量 (m³/h)	不淤流速 (m/s)
1		0.966	1 000.60	14.0	19.210	0.940
2		1.258	1 000.78	15.5	20.910	1.024
3		1.845	1 001.14	17.0	22.212	1.087
4		2.403	1 001.49	17.5	23.740	1.162
5		3.060	1 001.89	19.5	24.909	1.219
6	90	3.253	1 002.01	20.0	25.772	1.262
7		3.926	1 002.43	21.0	26.689	1.306
8		4.324	1 002.67	19.5	27.456	1.344
9		4.451	1 002.75	21.0	28.366	1.389
10		5.488	1 003.39	22.0	29.434	1.441
11		5.640	1 003.49	23.0	30.400	1.488
1		1.091	1 000.67	14.0	26.000	0.842
2		1.447	1 000.89	15.0	27.970	0.906
3		1.871	1 001.16	16.0	29.520	0.956
4		2.301	1 001.42	17.0	31.680	1.026
5		2.611	1 001.61	17.5	33.196	1.075
6	110	2.910	1 001.80	18.5	34.111	1.105
7		3.394	1 002.10	20.0	35.229	1.141
8		3.603	1 002.23	20.5	36.309	1.176
9		4.069	1 002.52	20.5	37.314	1.208
10		4.716	1 002.92	22.0	38.686	1.253
11		5.106	1 003.16	22.5	39.805	1.289
1		1.053	1 000.76	13.0	30.500	0.775
2		1.257	1 000.90	15.0	33.145	0.842
3		1.448	1 001.04	16.0	35.128	0.892
4		2.394	1 001.72	16.5	40.126	1.019
5		2.961	1 002.13	15.0	42.657	1.084
6	125	4.046	1 002.91	15.0	44.500	1.130
7		4.891	1 003.52	17.0	45.854	1.165
8		5.010	1 003.60	18.5	47.489	1.206
9		5.085	1 003.66	19.0	49.006	1.245
10		5.662	1 004.07	19.4	51.544	1.309
11		5.969	1 004.29	20.5	53.225	1.352

2.3.3　试验结果分析

2.3.3.1　不淤流速与泥沙粒径的关系

图 2-4 ～ 图 2-6 为相同管径情况下,不同沙样含沙量与不淤流速关系图。从图中可以看到,三种管径沙样 1 的不淤流速点都在沙样 2 的上方,而沙样 1 的中数粒径大于沙样 2,说明不淤流速与泥沙颗粒粒径有关,相同含沙量、相同管径情况下,粒径大的不淤流速大。

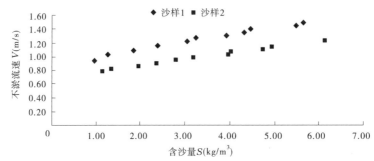

图 2-4　管径 90 mm 不同沙样含沙量与不淤流速关系图

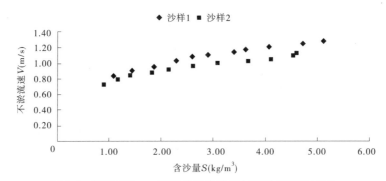

图 2-5　管径 110 mm 不同沙样含沙量与不淤流速关系图

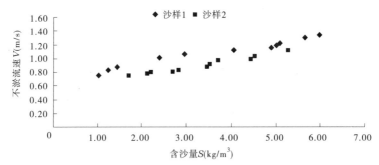

图 2-6　管径 125 mm 不同沙样含沙量与不淤流速关系图

2.3.3.2　不淤流速与管径的关系

关于含沙水流管径与不淤流速的关系,目前的认识仍不统一。有的学者认为大型管道中管径对不淤流速的影响不大;而有的学者则认为管径增大则不淤流速也增大,例如杜兰德公式中不淤流速与管径的 1/3 次方成正比。图 2-7、图 2-8 为相同沙样(沙样 1、沙样 2)、相同管径情况下,实测不淤流速与含沙量关系图。从图中可以看到,管径 90 mm 的不淤流速线在最上方,管径 125 mm 的不淤流速线在最下方,沙样 1 最为明显。说明相同沙样情况下,管径越大,不淤流速越小。因此可知,在本试验沙样条件及水流含沙量范围内,泥沙粒径、含沙量相同情况下,不淤流速随管径的增大而变小。

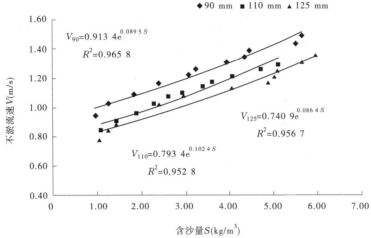

图 2-7　沙样 1 不淤流速与含沙量关系图

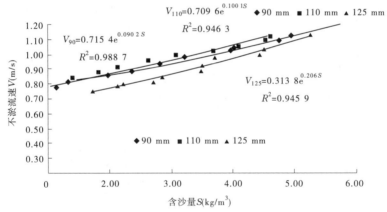

图 2-8　沙样 2 不淤流速与含沙量关系图

2.3.3.3　不淤流速与泥沙含量的关系

从图 2-4 ~ 图 2-8 都可以看出,含沙量对临界不淤流速有明显的影响,在本试验水流含沙量范围内,不淤流速均随含沙量的增大而增大,说明管径、泥沙粒径相同的情况下,含沙量越大,不淤流速就越大。这是因为含沙量越大,单位体积的浑水重量越大,水流带动泥沙做悬移质运动需要的"动力"就越大。

2.3.4　不淤流速计算

2.3.4.1　现有经验公式与实测值比较

图 2-9 ~ 图 2-11 为沙样 1 利用科诺罗兹、瓦斯普、何武全、张英普提出的不淤流速经验公式计算结果与实测值比较图。图 2-12 ~ 图 2-14 为沙样 2 经验公式计算结果与实测

值比较图。

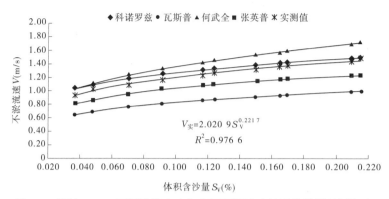

图 2-9　管径 90 mm 不同计算方法与实测不淤流速结果比较图(沙样 1)

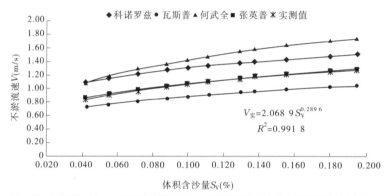

图 2-10　管径 110 mm 不同计算方法与实测不淤流速结果比较图(沙样 1)

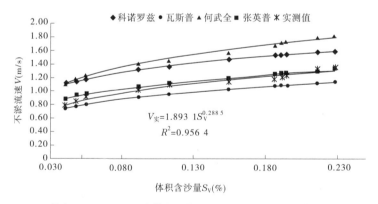

图 2-11　管径 125 mm 不同计算方法与实测不淤流速结果比较图(沙样 1)

从图中看到,不同沙样、管径用 4 个经验公式计算的不淤流速结果与试验结果均有差距。用 4 个经验公式计算沙样 1 的不淤流速大小依次为:何武全、科诺罗兹、张英普、瓦斯普;沙样 2 的不淤流速大小依次为:科诺罗兹、何武全、瓦斯普、张英普。沙样 1 中以何武全公式和瓦斯普公式计算结果与实测值偏离最大,科诺罗兹公式(90 mm 管径)、张英普公式(110 mm、125 mm 管径)最接近;沙样 2 中以科诺罗兹公式和张英普公式计算结果与实测值偏离最大,瓦斯普公式、何武全公式最接近。

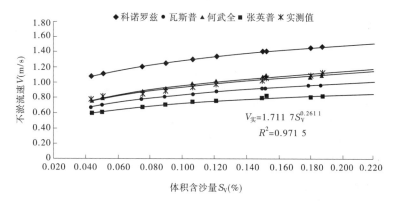

图 2-12 管径 90 mm 不同计算方法与实测不淤流速结果比较图(沙样 2)

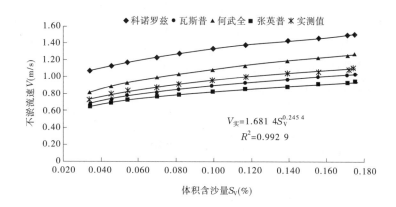

图 2-13 管径 110 mm 不同计算方法与实测不淤流速结果比较图(沙样 2)

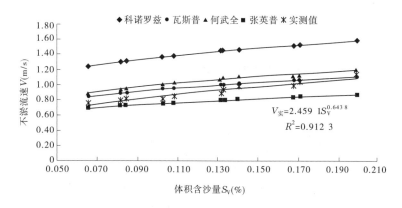

图 2-14 管径 125 mm 不同计算方法与实测不淤流速结果比较图(沙样 2)

2.3.4.2 不淤流速的计算

上述分析可以看出,现有不淤流速计算的经验公式不适用于黄河下游管道输水。因此,依据本次试验成果利用统计分析方法,建立黄河下游管道输水不淤流速经验公式。

通过上述分析可以看到,不淤流速与颗粒级配、含沙量、管径等有关,参照上述经验公式,假设

$$A = \omega^{\alpha}\left(\frac{g}{D}\frac{\rho_s - \rho_w}{\rho_w}\right)^{\beta} \tag{2-18}$$

式中　A——泥沙及边界因子;

　　　　ω——泥沙沉降速度,mm/s;

　　　　ρ_w——水的密度,kg/m³;

　　　　ρ_s——泥沙密度,kg/m³;

　　　　D——管径,mm;

　　　　g——重力加速度,取9.8 m/s²;

　　　　α, β——指数。

为对观测数据进行回归分析,得到不淤流速计算的经验公式,对观测数据作如下处理:用管径 90 mm、110 mm(沙样 1、2)的试验数据,将不淤流速试验数据 V、式(2-18)计算的 A 值,求得 V/A,建立 $V/A \sim S_V$(体积含沙量)关系,见图 2-15。图 2-15 中指数 α、β 为对观测数据进行处理得到的值,经过多次试算,α、β 分别为 0.28、0.25 时式(2-18)计算的 A 值满足回归分析的要求。

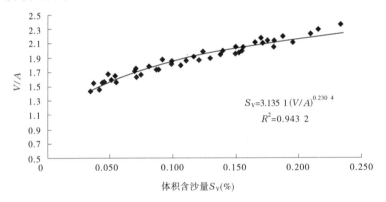

图 2-15　管径 90 mm、110 mm 沙样 1、2 的 $V/A \sim S_V$ 关系图

图 2-15 中的 $V/A \sim S_V$ 数据回归分析得到不淤流速计算公式为:

$$V = 3.135\ 1 S_V^{0.230\ 4}\omega^{0.28}\left(\frac{g}{D}\frac{\rho_s - \rho_w}{\rho_w}\right)^{0.25} \tag{2-19}$$

或

$$V = 1.476\ 1 S_d^{0.230\ 5}\omega^{0.28}\left(\frac{g}{D}\frac{\rho_s - \rho_w}{\rho_w}\right)^{0.25} \tag{2-20}$$

式中　V——不淤流速,m/s;

　　　　S_V——体积含沙量(%);

　　　　S_d——含沙量,kg/m³;

　　　　其余符号意义同式(2-18)。

式(2-19)、式(2-20)的相关系数 $R^2 = 0.943\ 2$，满足相关分析要求。为了检验式(2-19)、式(2-20)计算的正确性，采用以下方法：

(1)利用式(2-19)、式(2-20)对管径 90 mm、110 mm 的实测不淤流速数据进行计算，结果如表 2-8 所示。

表 2-8 不淤流速实测值与计算值比较(管径 90 mm、110 mm)

沙样	序号	管径 (mm)	含沙量 (kg/m³)	体积含沙量 (%)	实测不淤 流速(m/s)	计算不淤 流速(m/s)	计算误差 (%)
沙样 1	1	90	0.966	0.037	0.940	0.893	−5.00
	2		1.258	0.048	1.024	0.960	−6.25
	3		1.845	0.070	1.087	1.060	−2.48
	4		2.403	0.092	1.162	1.130	−2.75
	5		3.060	0.117	1.219	1.211	−0.66
	6		3.253	0.124	1.262	1.233	−2.30
	7		3.926	0.150	1.306	1.296	−0.77
	8		4.324	0.165	1.344	1.312	−2.38
	9		4.451	0.170	1.389	1.334	−3.96
	10		5.488	0.209	1.441	1.409	−2.22
	11		5.640	0.215	1.488	1.428	−4.03
	1	110	1.091	0.042	0.842	0.873	3.68
	2		1.447	0.055	0.906	0.938	3.53
	3		1.871	0.071	0.956	1.002	4.81
	4		2.301	0.088	1.026	1.059	3.22
	5		2.611	0.100	1.075	1.094	1.77
	6		2.910	0.111	1.105	1.129	2.17
	7		3.394	0.130	1.141	1.182	3.59
	8		3.603	0.138	1.176	1.203	2.30
	9		4.069	0.155	1.208	1.237	2.40
	10		4.716	0.180	1.253	1.292	3.11
	11		5.106	0.195	1.289	1.321	2.48

续表 2-8

沙样	序号	管径（mm）	含沙量（kg/m³）	体积含沙量（%）	实测不淤流速（m/s）	计算不淤流速（m/s）	计算误差（%）
沙样 2	1	90	1.148	0.043	0.774	0.763	-1.42
	2		1.336	0.051	0.809	0.798	-1.36
	3		1.983	0.075	0.851	0.881	3.53
	4		2.372	0.090	0.883	0.924	4.64
	5		2.814	0.107	0.931	0.978	5.05
	6		3.202	0.121	0.978	1.012	3.48
	7		3.965	0.150	1.025	1.065	3.90
	8		4.025	0.152	1.044	1.083	3.74
	9		4.748	0.180	1.090	1.073	-1.56
	10		4.943	0.187	1.128	1.095	-2.93
	11		6.143	0.233	1.214	1.155	-4.86
	1	110	0.893	0.034	0.722	0.725	0.42
	2		1.189	0.045	0.789	0.777	-1.52
	3		1.424	0.054	0.836	0.812	-2.87
	4		1.837	0.070	0.874	0.869	-0.57
	5		2.150	0.081	0.915	0.904	-1.20
	6		2.623	0.099	0.950	0.941	-0.95
	7		3.086	0.117	0.991	0.980	-1.11
	8		3.678	0.139	1.022	1.023	0.10
	9		4.106	0.156	1.050	1.053	0.29
	10		4.526	0.171	1.090	1.080	-0.92
	11		4.617	0.175	1.119	1.095	-2.14

　　从表 2-8 看到，按式（2-19）、式（2-20）的计算值与实测值的误差绝对值大于 5% 的仅占 6.82%，在 3% 以内的占 61.36%，在 2% 以内的占 34.09%。

　　（2）利用式（2-19）、式（2-20）计算管径 125 mm 沙样 1、2 不同含沙量情况下的不淤流速。管径 125 mm 的实测不淤流速值没有参与式（2-19）、式（2-20）的统计分析，其计算值与实测值的误差见表 2-9、图 2-16。

表 2-9   不淤流速实测值与计算值比较(管径 125 mm)

沙样	序号	管径 (mm)	含沙量 (kg/m³)	体积含沙量 (%)	实测不淤 流速(m/s)	计算不淤 流速(m/s)	计算误差 (%)
沙样 1	1	125	1.053	0.040	0.775	0.833	7.48
	2		1.257	0.048	0.842	0.881	4.63
	3		1.448	0.055	0.892	0.917	2.80
	4		2.394	0.091	1.019	1.033	1.37
	5		2.961	0.113	1.084	1.073	−1.01
	6		4.046	0.154	1.130	1.153	2.04
	7		4.891	0.187	1.165	1.222	4.89
	8		5.010	0.191	1.206	1.242	2.99
	9		5.085	0.194	1.245	1.250	0.40
	10		5.662	0.216	1.309	1.285	−1.83
	11		5.969	0.228	1.352	1.311	−3.03
沙样 2	1	125	1.728	0.065	0.757	0.769	1.59
	2		2.154	0.082	0.788	0.812	3.05
	3		2.227	0.084	0.802	0.822	2.49
	4		2.710	0.103	0.813	0.863	6.15
	5		2.862	0.108	0.846	0.883	4.37
	6		3.477	0.132	0.890	0.927	4.16
	7		3.501	0.133	0.923	0.931	0.87
	8		3.711	0.141	0.981	0.947	−3.47
	9		4.432	0.168	0.998	0.959	−3.91
	10		4.512	0.171	1.038	0.967	−6.84
	11		5.265	0.199	1.135	1.013	−10.75

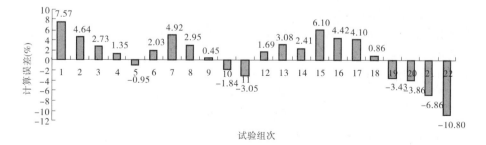

图 2-16   管径 125 mm 沙样 1、2 不淤流速计算值与实测值误差分布图

从表 2-9、图 2-16 看到,利用式(2-19)、式(2-20)计算沙样 1、2 的 22 组不淤流速,计算值与实测值的误差除 1 个为 -10.75%(超过 10%)外,其余均在 ±10% 以内,其中误差在 ±5% 以内的为 18 个,占 81.82%。

由上述分析看到,式(2-19)、式(2-20)有比较高的计算精度,可以用于黄河下游管道输水不淤流速计算。

需要说明的是,管道输水临界不淤流速式(2-19)、式(2-20)是在硬聚乙烯(PVC – U)管材条件下试验得到的经验公式,严格讲仅适用于硬聚乙烯(PVC – U)、聚乙烯 PE 管材。但由于玻璃钢管材、钢管与硬聚乙烯(PVC – U)管材的糙率相差不大,因此式(2-19)、式(2-20)也可用来估算玻璃钢管材、钢管输水的临界不淤流速。

2.4　沿程阻力损失试验结果与分析

2.4.1　试验结果整理相关公式

2.4.1.1　管道雷诺数

一般管道雷诺数 $Re < 2\,000$ 为层流状态,$Re > 4\,000$ 为紊流状态,$Re = 2\,000 \sim 4\,000$ 为过渡状态。在不同的流动状态下,流体的运动规律、流速的分布等都是不同的,因而管道内流体的平均流速 V 与最大流速 V_{max} 的比值也是不同的。因此,雷诺数的大小决定了黏性流体的流动特性。

在圆管情况下,不同流速下对应的 Re 数可表示为:

$$Re = \frac{Vd}{\nu} \tag{2-21}$$

$$\nu = \frac{\nu_0}{1 + 0.033\,7t + 0.000\,22t^2} \tag{2-22}$$

式中　Re——雷诺数;

　　　V——管中水流流速,cm/s;

　　　d——管径,cm;

　　　ν——水的运动黏性系数,cm²/s,与温度有关;

　　　ν_0——水在温度 $t = 0$ ℃时的运动黏性系数,取 $\nu_0 = 0.017\,92$ cm²/s;

　　　t——水的温度,℃,由酒精温度计测出。

2.4.1.2　管道沿程阻力损失

本试验采用测压管测量 10 m 长管段上下游(断面 1、断面 2)的测压管水头,装置如图 2-17 所示。

由图 2-17 列出断面 1—2 的能量方程为:

$$Z_1 + \frac{p_1}{\gamma} + \frac{\alpha V_1^2}{2g} = Z_2 + \frac{p_2}{\gamma} + \frac{\alpha V_2^2}{2g} + h_f \tag{2-23}$$

因此,断面 1—2 的沿程水头损失为:

$$h_f = \left(Z_1 + \frac{p_1}{\gamma} + \frac{\alpha V_1^2}{2g}\right) - \left(Z_2 + \frac{p_2}{\gamma} + \frac{\alpha V_2^2}{2g}\right) \tag{2-24}$$

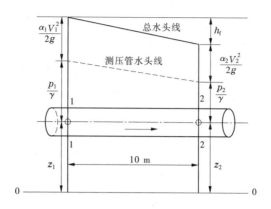

图 2-17　测压管布置示意图

本试验断面 1—2 管段为水平段,且管径相同,即 $z_1 = z_2$,$V_1 = V_2$,则式(2-24)变为:

$$h_f = \frac{p_1}{\gamma} - \frac{p_2}{\gamma} = h_1 - h_2 \tag{2-25}$$

即沿程水头损失等于两断面的压强水头差。式中,h_1、h_2 分别为断面 1、断面 2 的测压管水头。

2.4.1.3　沿程阻力系数

根据达西公式:

$$h_f = \lambda \frac{L}{d} \frac{V^2}{2g} \tag{2-26}$$

可计算沿程阻力系数 λ 为:

$$\lambda = h_f \frac{d}{L} \frac{2g}{V^2} \tag{2-27}$$

2.4.1.4　摩阻系数

根据威廉公式,管道沿程损失按下式计算:

$$h_f = f \frac{Q^m}{d^b} L \tag{2-28}$$

式中　f、b、m——摩阻系数,对塑料管道,其值分别为 94 800、4.77、1.77;

　　　　Q——流量,m^3/h;

　　　　L——管长,m。

假定摩阻系数 b、m 不变,则

$$f = h_f \frac{d^b}{Q^m L} \tag{2-29}$$

2.4.2　沿程阻力损失试验结果

不同含沙量、不同管径的沿程损失测试结果见表 2-10 ~ 表 2-12。根据沿程损失测试结果,按式(2-27)、式(2-29)计算管道沿程阻力系数 λ 和摩阻系数 f,见表 2-13 ~ 表 2-15。

表 2-10　浑水管道沿程损失测试成果(管径 110 mm)

序号	沙样	泥沙含量（kg/m³）	流量（m³/h）	水温（℃）	沿程损失（cm）
1	泥沙 6	1.730	27.700	18.0	6.8
2			31.500	20.0	8.5
3			36.100	22.0	10.4
4			38.076	23.0	11.5
5			39.300	24.0	12.3
6			41.200	25.0	12.7
7			42.700	25.0	13.6
8			44.700	26.0	14.8
9			46.718	30.0	15.7
10		2.100	30.247	30.0	7.3
11			35.300	30.0	9.5
12			39.000	31.0	11.3
13			33.800	22.0	9.2
14			37.800	23.0	11.3
15			40.100	25.5	12.2
16			43.109	27.0	13.9
17			45.756	28.0	15.4
18			48.447	29.0	16.7
19		2.690	30.451	27.5	7.5
20			32.794	28.5	8.6
21			34.721	29.5	9.4
22			37.364	30.5	10.6
23			39.855	32.0	11.7
24			41.051	23.0	12.8
25			42.194	24.0	13.6
26			44.176	25.0	14.5
27			46.413	26.5	15.7
28	沙样 1	2.668	11.500	27.0	1.40
29			13.319	29.0	1.90
30			16.877	30.0	2.70
31		3.708	17.700	19.0	3.20
32			20.900	23.0	3.90
33			19.267	26.5	3.40
34			32.332	28.0	8.30
35		4.603	35.100	28.0	9.70
36			41.700	30.0	12.80
37			47.837	30.0	16.10

表 2-11　浑水管道沿程损失测试成果(管径 125 mm)

序号	沙样	泥沙含量(kg/m³)	流量(m³/h)	水温(℃)	沿程损失(cm)
1			25.300	15	3.7
2			37.300	17	7.1
3			42.800	17	9.4
4			48.900	18	12.1
5		4.74	53.800	19	14.2
6			59.800	20	17.3
7			64.600	20	19.8
8			34.700	22	6.1
9			46.500	23	10.9
10			25.120	17	3.6
11			36.720	17	7.2
12			45.651	18	10.1
13			51.300	19	13.3
14	泥沙 6	2.85	57.500	20	16.1
15			64.700	21	19.8
16			37.800	16	7.6
17			28.600	18	4.5
18			41.200	18	8.5
19			20.500	19	2.4
20			27.100	20	4.0
21			38.500	20	7.9
22			45.400	22	10.3
23		3.85	50.400	22	12.7
24			54.800	23	14.1
25			59.200	23	16.6
26			62.900	24	18.6
27			66.700	25	20.6

表 2-12　清水管道沿程损失测试成果

序号	管径(mm)	流量(m³/h)	水温(℃)	沿程损失(cm)
1		23.030	22.0	5.0
2		26.284	23.5	6.0
3		28.519	24.5	6.8
4		30.732	26.0	7.7
5		33.450	27.0	8.8
6	110	36.449	27.0	10.1
7		39.550	27.0	12.4
8		44.126	28.3	13.8
9		34.721	22.0	9.7
10		20.690	22.0	4.2
11		18.199	23.0	3.2
12		27.909	17.0	4.1
13		31.925	18.4	5.4
14		36.704	19.8	6.9
15		40.720	18.0	8.2
16	125	44.736	19.0	9.9
17		48.193	20.0	11.2
18		53.429	21.0	13.6
19		60.037	22.0	17.0
20		64.104	23.0	19.0

表 2-13　浑水管道沿程阻力系数和摩阻系数计算(管径 110 mm)

序号	沙样	含沙量(kg/m³)	流速(m/s)	雷诺数 Re	阻力系数 λ	摩阻系数 f
1			0.897	87 779	0.017 31	81 378
2			1.020	104 826	0.016 73	81 020
3			1.169	125 989	0.015 58	77 881
4			1.233	136 021	0.015 49	78 366
5		1.730	1.273	143 662	0.015 55	79 253
6			1.334	154 069	0.014 61	75 270
7			1.383	159 678	0.014 56	75 660
8			1.448	170 949	0.014 46	75 928
9			1.513	194 909	0.014 05	74 490
10			0.980	126 192	0.015 58	74 765
11			1.143	147 273	0.014 89	74 020
12			1.263	166 180	0.014 51	73 804
13			1.095	117 962	0.015 72	77 409
14	泥沙 6	2.100	1.224	135 035	0.015 44	78 001
15			1.299	151 652	0.014 81	75 854
16			1.396	168 558	0.014 61	76 035
17			1.482	182 866	0.014 36	75 808
18			1.569	197 851	0.013 89	74 298
19			0.986	120 379	0.015 79	75 905
20			1.062	132 491	0.015 61	76 336
21			1.125	143 323	0.015 23	75 416
22			1.210	157 543	0.014 83	74 688
23		2.690	1.291	173 403	0.014 38	73 539
24			1.330	146 649	0.014 83	76 350
25			1.367	154 241	0.014 92	77 273
26			1.431	165 198	0.014 51	75 958
27			1.503	179 484	0.014 23	75 358
28			0.372	44 965	0.020 67	79 410
29		2.668	0.431	54 393	0.020 91	83 104
30			0.547	70 411	0.018 51	77 667
31			0.573	57 489	0.019 94	84 610
32	沙样 1	3.708	0.677	74 662	0.017 43	76 841
33			0.624	74 507	0.017 88	77 365
34			1.047	129 216	0.015 50	75 546
35			1.137	140 279	0.015 37	76 342
36		4.603	1.351	173 974	0.014 37	74 260
37			1.549	199 578	0.013 74	73 254

表 2-14　浑水管道沿程阻力系数和摩阻系数计算(管径 125 mm)

序号	沙样,	含沙量(kg/m³)	流速(m/s)	雷诺数 Re	阻力系数 λ	摩阻系数 f
1			0.643	65 802	0.020 72	92 802
2			0.947	102 095	0.018 29	89 580
3			1.087	117 150	0.018 39	92 971
4			1.242	137 232	0.018 14	94 534
5		4.74	1.367	154 749	0.017 59	93 687
6			1.519	176 236	0.017 34	94 659
7			1.641	190 382	0.017 01	94 500
8			0.881	107 248	0.018 16	87 463
9			1.181	147 110	0.018 07	93 092
10			0.638	68 757	0.020 45	91 442
11			0.933	100 508	0.019 14	93 397
12			1.160	128 114	0.017 37	89 119
13			1.303	147 558	0.018 12	95 460
14	泥沙 6	2.85	1.461	169 457	0.017 46	94 426
15			1.643	195 299	0.016 96	94 241
16			0.960	100 874	0.019 07	93 655
17			0.726	80 263	0.019 72	90 849
18			1.047	115 623	0.017 95	89 935
19			0.521	58 966	0.020 47	87 354
20			0.688	79 866	0.019 52	88 834
21			0.978	113 463	0.019 11	94 241
22			1.153	140 319	0.017 91	91 775
23		3.85	1.280	155 773	0.017 92	94 054
24			1.392	173 368	0.016 83	90 044
25			1.504	187 288	0.016 98	92 465
26			1.598	203 627	0.016 85	93 063
27			1.694	220 891	0.016 60	92 906

表 2-15　清水管道沿程阻力系数和摩阻系数计算

序号	管径(mm)	流速(m/s)	雷诺数 Re	阻力系数 λ	摩阻系数 f
1		0.746	80 375	0.018 41	82 965
2		0.851	94 986	0.016 96	78 792
3		0.924	105 447	0.016 33	77 287
4		0.995	117 531	0.015 92	76 673
5		1.083	130 791	0.015 36	75 420
6	110	1.180	142 517	0.014 84	74 357
7		1.281	154 642	0.015 48	79 005
8		1.429	177 311	0.013 84	72 436
9		1.125	121 176	0.015 71	77 823
10		0.670	72 208	0.019 16	84 244
11		0.589	65 013	0.018 87	80 547
12		0.709	76 391	0.018 87	86 436
13		0.811	90 485	0.018 99	89 734
14		0.932	107 648	0.018 36	89 574
15		1.034	114 276	0.017 73	88 579
16	125	1.136	128 677	0.017 73	90 542
17		1.224	142 029	0.017 29	89 787
18		1.357	161 277	0.017 08	90 834
19		1.525	185 558	0.016 91	92 369
20		1.628	202 803	0.016 57	91 927

2.4.3　试验结果分析

对泥沙 6 110 mm、125 mm 两种管径不同含沙量的沿程损失、阻力系数试验结果分析如下。

2.4.3.1　试验水流性质

管道水流分层流与紊流,紊流又分为光滑区、光滑管过渡到粗糙管的过渡区和粗糙区。图 2-18、图 2-19 为两种管径实测沿程损失与流速关系图。从图中可以看到,沿程损失与流速的 1.6~1.8 次方成正比。图 2-20、图 2-21 为两种管径沿程阻力系数对数与雷诺数对数关系图。从图中可以看出,本次试验管道水流属过渡粗糙区。

2.4.3.2　含沙量对沿程损失的影响

图 2-22、图 2-23 为两种管径实测不同含沙量沿程损失与流量关系图。从图中可以看到,两种管径中,不同含沙量的沿程损失与流量趋势线,基本上按含沙量的大小由上而下

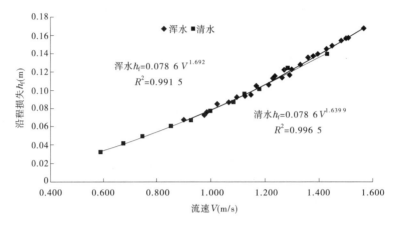

图 2-18　管径 110 mm 实测沿程损失与流速关系图

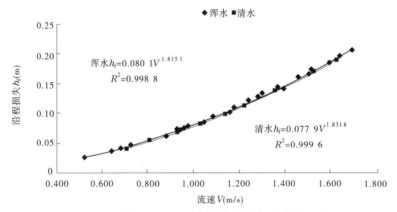

图 2-19　管径 125 mm 实测沿程损失与流速关系图

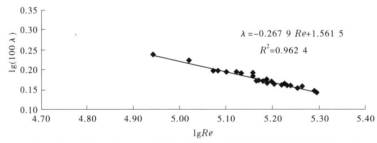

图 2-20　管径 110 mm 实测阻力系数对数与雷诺数对数关系图

排列,清水情况下基本上在最下方。说明含沙量对沿程损失有一定影响,一般情况下,相同流量、管径情况下,含沙量越大沿程损失越大。

但从图 2-22、图 2-23 也可以看到,不同含沙量的沿程损失与流量趋势线相差不大,说明本试验含沙量范围内,含沙量对沿程损失的影响较小。

2.4.3.3　沿程阻力系数与雷诺数、含沙量的关系

图 2-24、图 2-25 为两种管径不同含沙量沿程阻力系数与雷诺数关系图。从图中可以看出,沿程阻力系数随雷诺数的增大而减小;在相同管径情况下,含沙量大则沿程阻力系

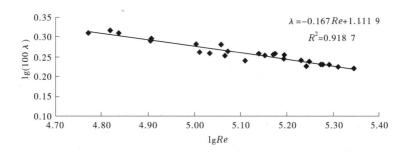

图 2-21　管径 125 mm 实测阻力系数对数与雷诺数对数关系图

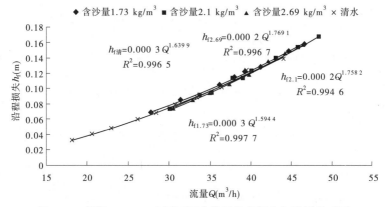

图 2-22　管径 110 mm 实测不同含沙量沿程损失与流量关系图

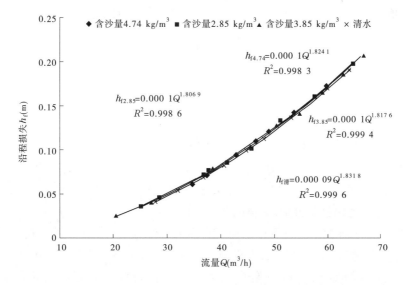

图 2-23　管径 125 mm 实测不同含沙量沿程损失与流量关系图

数大(管径 125 mm 较明显)。

2.4.3.4　沿程阻力系数与雷诺数、管径的关系

图 2-26 为浑水情况下两种管径阻力系数与雷诺数关系图。从图中可以看出,沿程阻

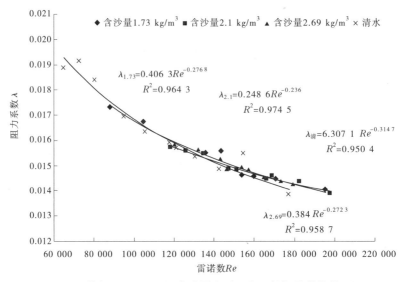

图 2-24　管径 110 mm 不同含沙量实测阻力系数与雷诺数关系图

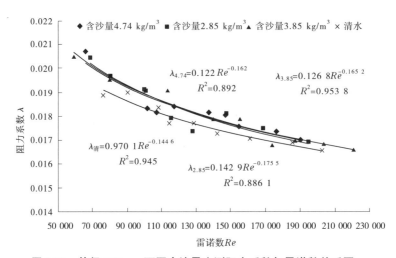

图 2-25　管径 125 mm 不同含沙量实测阻力系数与雷诺数关系图

力系数与雷诺数成反比,雷诺数越小,阻力系数越大;在相同雷诺数情况下,125 mm 管径的沿程阻力系数高于 110 mm 管径的阻力系数,沿程阻力系数与管径成正比。

2.4.3.5　沿程阻力损失与流量、管径的关系

图 2-27 为浑水情况下两种管径沿程阻力损失与流量关系图。从图中可以看出,沿程阻力损失与流量成正比,流量越大,沿程损失越大;在相同流量情况下,110 mm 管径的沿程阻力损失大于 125 mm 管径的沿程损失,沿程阻力损失与管径成反比,其规律与清水是一样的。

2.4.3.6　沿程阻力系数与流量、管径的关系

图 2-28 为浑水情况下两种管径沿程阻力系数与流量关系图。从图中可以看出,沿程阻力系数与流量成反比,流量越大,阻力系数越小;在相同流量情况下,110 mm 管径的沿

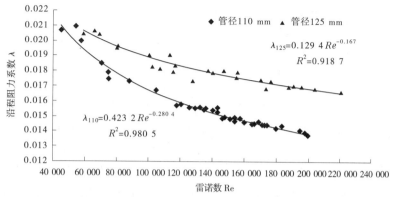

图 2-26　实测浑水阻力系数与雷诺数、管径关系图

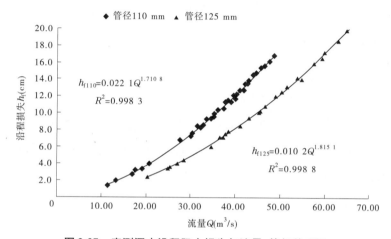

图 2-27　实测浑水沿程阻力损失与流量、管径关系图

程阻力系数小于 125 mm 管径的沿程损失,沿程阻力系数与管径成正比。

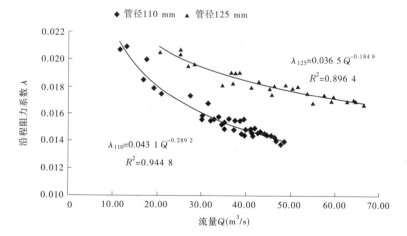

图 2-28　实测浑水沿程阻力系数与流量、管径关系图

2.4.4　浑水沿程损失计算

由上述分析看到,浑水管道输水中,沿程损失与流量(流速)、含沙量、沿程阻力系数等有关,而沿程阻力系数与雷诺数、含沙量、管径等有关,即

$$h_f = f(\lambda, V, D, L)$$
$$\lambda = f(Re, D, S_d)$$

浑水管道沿程损失仍可根据达西公式计算,下面利用上述试验资料,寻找沿程阻力系数的计算方法。

由图2-26看到,两种管径沿程阻力系数 λ 与雷诺数 Re 的关系差别较大,为此将试验得到的 λ 用流体动力因子泥沙、流体边界因子管径进行处理,令:

$$A = \frac{\rho_m}{\rho_w} \times \frac{D}{1\ 000} \tag{2-30}$$

式中　A——无量纲泥沙综合因子;

　　　ρ_m——浑水密度,t/m^3;

　　　ρ_w——清水密度,t/m^3;

　　　D——管径,mm。

式(2-30)中管径除以1 000 mm,是为了消除量纲。

下面以泥沙6,管径110 mm、125 mm的沿程阻力系数试验数据,绘制以 $y = \dfrac{\lambda}{A}$ 为纵坐标、以 Re(雷诺数)为横坐标的关系图,如图2-29所示。

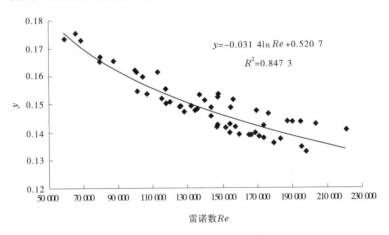

图2-29　$y = \dfrac{\lambda}{A}$ 与 Re 关系图

回归得到浑水沿程阻力系数的经验公式为:

$$\lambda = (0.520\ 7 - 0.031\ 4 \ln Re) \frac{\rho_m}{\rho_w} \times \frac{D}{1\ 000} \tag{2-31}$$

式中　λ——浑水沿程阻力系数;

　　　其余符号意义同前。

式(2-31)的相关系数 R^2 高达0.847 3。为了检验式(2-31)的准确性,将按式(2-31)

计算得到的沿程阻力系数、沿程损失与实测值比较,见表 2-16。

表 2-16　沿程阻力系数实测值与计算值比较(泥沙 6)

序号	管径 (mm)	含沙量 (kg/m³)	流量 (m³/h)	实测值			计算值			
				沿程损失 (cm)	阻力系数	雷诺数 Re	阻力系数	误差 (%)	沿程损失 (cm)	误差 (%)
1			27.700	6.8	0.017 305	87 779	0.017 081	−1.29	6.7	−1.47
2			31.500	8.5	0.016 727	104 826	0.016 498	−1.37	8.4	−1.18
3			36.100	10.4	0.015 583	125 989	0.015 894	2.00	10.6	1.92
4			38.076	11.5	0.015 489	136 021	0.015 643	0.99	11.6	0.87
5		1.73	39.300	12.3	0.015 550	143 662	0.015 463	−0.56	12.2	−0.81
6			41.200	12.7	0.014 609	154 069	0.015 234	4.28	13.2	3.94
7			42.700	13.6	0.014 565	159 678	0.015 116	3.78	14.1	3.68
8			44.700	14.8	0.014 463	170 949	0.014 892	2.97	15.2	2.70
9			46.718	15.7	0.014 046	194 909	0.014 461	2.95	16.2	3.18
10			30.247	7.3	0.015 581	126 192	0.015 893	2.00	7.4	1.37
11			35.300	9.5	0.014 887	147 273	0.015 385	3.35	9.8	3.16
12			39.000	11.3	0.014 507	166 180	0.014 988	3.32	11.7	3.54
13	110 (内径 104.5)	2.10	33.800	9.2	0.015 725	117 962	0.016 114	2.47	9.4	2.17
14			37.800	11.3	0.015 443	135 035	0.015 670	1.47	11.5	1.77
15			40.100	12.2	0.014 815	151 652	0.015 289	3.20	12.6	3.28
16			43.109	13.9	0.014 605	168 558	0.014 942	2.31	14.2	2.16
17			45.756	15.4	0.014 363	182 866	0.014 674	2.17	15.7	1.95
18			48.447	16.7	0.013 893	197 851	0.014 415	3.76	17.3	3.59
19			30.451	7.5	0.015 794	120 379	0.016 053	1.64	7.6	1.33
20			32.794	8.6	0.015 615	132 491	0.015 738	0.79	8.7	1.16
21			34.721	9.4	0.015 225	143 323	0.015 480	1.67	9.6	2.13
22			37.364	10.6	0.014 826	157 543	0.015 169	2.31	10.8	1.89
23		2.69	39.855	11.7	0.014 383	173 403	0.014 854	3.27	12.1	3.42
24			41.051	12.8	0.014 832	146 649	0.015 405	3.86	13.3	3.91
25			42.194	13.6	0.014 916	154 241	0.015 239	2.17	13.9	2.21
26			44.176	14.5	0.014 508	165 198	0.015 013	3.48	15.0	3.45
27			46.413	15.7	0.014 231	179 484	0.014 741	3.58	16.3	3.82

续表 2-16

序号	管径 （mm）	含沙量 （kg/m³）	流量 （m³/h）	实测值			计算值			
				沿程 损失 （cm）	阻力 系数	雷诺数 Re	阻力 系数	误差 （%）	沿程 损失 （cm）	误差 （%）
28			25.300	3.7	0.020 721	65 802	0.020 394	−1.58	3.6	−2.70
29			37.300	7.1	0.018 293	102 095	0.018 762	2.56	7.3	2.82
30			42.800	9.4	0.018 395	117 150	0.018 251	−0.78	9.3	−1.06
31			48.900	12.1	0.018 139	137 232	0.017 663	−2.62	11.8	−2.48
32		4.74	53.800	14.2	0.017 586	154 749	0.017 217	−2.10	13.9	−2.11
33			59.800	17.3	0.017 342	176 236	0.016 733	−3.51	16.7	−3.47
34			64.600	19.8	0.017 008	190 382	0.016 447	−3.30	19.1	−3.54
35			34.700	6.1	0.018 160	107 248	0.018 579	2.31	6.2	1.64
36			46.500	10.9	0.018 071	147 110	0.017 405	−3.69	10.5	−3.67
37			25.120	3.6	0.020 451	68 757	0.020 231	−1.08	3.6	0
38			36.720	7.2	0.019 142	100 508	0.018 799	−1.79	7.1	−1.39
39			45.651	10.1	0.017 373	128 114	0.017 898	3.02	10.4	2.97
40	125	2.85	51.300	13.3	0.018 116	147 558	0.017 373	−4.10	12.8	−3.76
41	（内径		57.500	16.1	0.017 456	169 457	0.016 860	−3.41	15.6	−3.11
42	118）		64.700	19.8	0.016 955	195 299	0.016 333	−3.67	19.1	−3.54
43			37.800	7.6	0.019 067	100 874	0.018 785	−1.48	7.5	−1.32
44			28.600	4.5	0.019 721	80 263	0.019 634	−0.44	4.5	0
45			41.200	8.5	0.017 951	115 623	0.018 279	1.83	8.7	2.35
46			20.500	2.4	0.020 472	58 966	0.020 791	1.56	2.4	0
47			27.100	4.0	0.019 524	79 866	0.019 664	0.72	4.0	0
48			38.500	7.9	0.019 106	113 463	0.018 360	−3.90	7.6	−3.80
49			45.400	10.3	0.017913	140 319	0.017 571	−1.91	10.1	−1.94
50		3.85	50.400	12.7	0.017 922	155 773	0.017 183	−4.12	12.2	−3.94
51			54.800	14.1	0.016 831	173 368	0.016 785	−0.27	14.1	0
52			59.200	16.6	0.016 979	187 288	0.016 498	−2.83	16.1	−3.01
53			62.900	18.6	0.016 853	203 627	0.016 188	−3.95	17.9	−3.76
54			66.700	20.6	0.016 598	220 891	0.015 886	−4.29	19.7	−4.37

从表 2-16 中可以看到,式(2-31)的计算误差绝对值均小于 5%,其中小于 1% 的占 12.96%,小于 2% 的占 40.74%,小于 3% 的占 61.11%,小于 4% 的占 92.59%。

另外,本试验沙样 1 管径 110 mm 三组含沙量沿程损失实测结果没参与式(2-31)的回归分析,利用式(2-31)计算的沿程阻力系数与实测值比较,结果如表 2-17 和图 2-30 所示。

表 2-17 沿程阻力系数、沿程损失实测值与计算值比较(沙样 1)

序号	管径 (mm)	含沙量 (kg/m³)	流量 (m³/h)	实测值			计算值			
				沿程 损失 (cm)	阻力 系数	雷诺数 Re	阻力 系数	误差 (%)	沿程 损失 (cm)	误差 (%)
1	110 (内径 104.5)	2.668	11.500	1.4	0.020 67	44 965	0.019 29	-6.68	1.31	-6.43
2			13.319	1.9	0.020 91	54 393	0.018 66	-10.76	1.70	-10.53
3			16.877	2.7	0.018 51	70 411	0.017 82	-3.73	2.60	-3.70
4		3.708	17.700	3.2	0.019 94	57 489	0.018 49	-7.27	2.97	-7.19
5			20.900	3.9	0.017 43	74 662	0.017 63	1.15	3.94	1.03
6			19.267	3.4	0.017 88	74 507	0.017 64	-1.34	3.35	-1.47
7			32.332	8.3	0.015 50	129 216	0.015 83	2.13	8.47	2.05
8		4.603	35.100	9.7	0.015 37	140 279	0.015 57	1.30	9.82	1.24
9			41.700	12.8	0.014 37	173 974	0.014 86	3.41	13.23	3.36
10			47.837	16.1	0.013 74	199 578	0.014 41	4.88	16.89	4.91

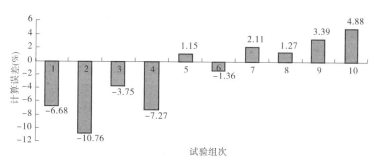

图 2-30 管径 110 mm 沿程损失阻力系数计算值误差分布图

从表 2-17、图 2-30 中可以看到,式(2-31)的计算误差绝对值除 3 个大于 5% 外,其余 7 个均小于 5%。说明式(2-31)有比较高的计算精度,可以用于引黄灌区管道输水沿程损失计算中沿程阻力系数的计算。

与管道输水临界流速计算一样,管道输水沿程阻力损失系数式(2-31)是在硬聚乙烯(PVC-U)管材条件下试验得到的经验公式,严格讲仅适用于硬聚乙烯(PVC-U)、聚乙烯 PE 管材。但由于玻璃钢管材、钢管与硬聚乙烯(PVC-U)管材的糙率相差不大,因此式(2-31)也可用来估算玻璃钢管材、钢管输水的沿程阻力系数。

第 3 章　管道输水灌溉规模优化方法

3.1　规模优化影响因素

管道输水灌溉的规模可用灌溉水量、工程投资、灌溉面积等表示,本章所指的规模是指灌溉管网所能控制的灌溉面积。灌溉规模优化是指在一定的约束条件下,使灌区净效益最大所对应的灌溉面积。灌溉规模优化影响因素较多,主要有以下几个方面。

3.1.1　管网的布置形式

管道输水灌溉管网包括输水管道(干管)和配水管道(支管)。黄河下游滨海地区为平原,地势平坦,部分管网布置形式如图 3-1 所示。

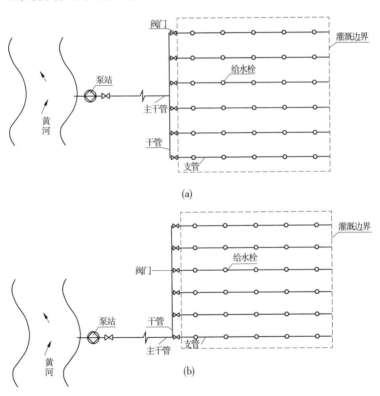

图 3-1　管道灌溉管网布置形式

从图 3-1 两种不同的管网布置形式可以看到,不同的布置形式所控制的灌溉面积不同,所需管道的总长度、管径也不同;系统所需的工作压力也不同。所以,不同的布置形式具体反映在对系统投资的影响上,管道长度越长、管径越大,系统投资就会增加;其次,不同的布置也会导致系统运行成本的不同。

3.1.2　水源水量

水源水量是指灌区农业灌溉可利用的水资源量,在水资源缺乏的情况下,水源水量的多少成为制约灌区发展和运行的关键因素之一。水源包括地表水和地下水,对引黄灌区而言,水源水量主要指可以利用的黄河水量。目前,黄河水量的使用实行用水指标分配制度。

3.1.3　输配水管道

输配水管道组成的管网是管道输水灌溉工程的重要部分,管网投资在整个工程中占有较大的比例,一般可达到60%甚至更多,在长距离管道输水中表现得尤为突出。特别是大口径输水管道价格昂贵,随着管径的增加,单价的增速很快。管网投资的大小受到输水长度、管径、输水压力的影响,管径大的管道投资大,但水头损失小,系统扬程较小,从而使水泵运行费用小,反之亦然,这种关系如图3-2所示。图3-2中K_0为管道系统投资年本利摊还值,可以看出随着管径D的增加,系统的运行费用减少,同时系统的投资也增加,管径的持续增大,投资的增速加快。所以,灌区中管网布置是否合理,管道采用何种材料、管径都直接影响到灌溉工程的投资及运行费用。

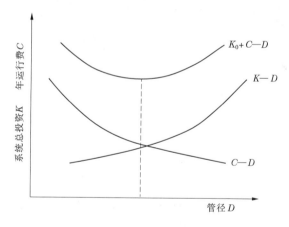

图 3-2　费用与管径关系

3.1.4　耕地面积与作物类型

灌区是服务于农业生产的工程,因此耕地面积或作物种植面积是灌区发展的控制因素之一。对于灌区规模而言,灌溉面积越大,带来的总效益也就越大。但是,灌区的规模应以耕地面积或作物种植面积为上限。另外,不同作物生育期内需水量不同,灌溉水量不同,因此需要水源的水量也不同,从而影响灌溉规模。

3.1.5　水源泥沙

引用黄河水的同时不可避免地引入了泥沙,而黄河水泥沙含量大是引黄灌区的基本特点。采用管道输水灌溉,较大的泥沙含量有可能在较低流速下造成输水管道淤积、末级配水管道堵塞,影响灌溉系统的正常运行。

不淤流速是引黄灌区设计的重要参数,其主要影响因素包括含沙量(体积含沙量或重量含沙量)、泥沙容重、管径、泥沙粒径、泥沙颗粒自由沉降速度等。引黄灌区管道输水灌溉为了防止输水泥沙淤积,管道流速必须大于不淤流速,因此需要更大的能量来推动泥沙的向前运动,从而增加了灌区系统的运行费用。所以,黄河水泥沙是影响灌区规模的重要因素之一。

3.1.6　经济因素

水资源供需矛盾的加剧,对我国农业灌溉技术措施提出了更高的要求,提高灌溉水利用率成为必然的选择。因此,发展节水灌溉技术,提高灌溉水利用系数,减少传统地面灌溉造成的灌溉水浪费现象,是我国当前农业水利工程发展的必然趋势。管道灌溉技术作为节水灌溉技术的一种,不仅可以提高灌溉水利用系数,节约灌溉用水量,而且是农民喜欢的灌溉方式之一。但是,在引黄灌区,与目前传统的渠道输水、大水漫灌相比,将灌区改造为管道输水灌溉不仅需要大量的建设资金,而且管道输水灌溉在运行中由水泵提供动力,需要一定的电费。特别是大规模发展管道输水灌溉,需要的资金更多。因此,发展管道输水灌溉工程,必须具有一定的经济基础。在其他条件相同的条件下,资金问题是管道输水灌溉规模的重要制约因素。

3.2　优化模型的建立

本章对管道输水灌溉工程规模进行研究,是以灌溉面积为决策变量。优化模型的建立包括目标函数和约束条件。

3.2.1　工程费用函数

工程费用包括建设费用和工程年运行费用两部分。因此,工程费用函数主要包括两方面:①工程投资函数,即管道输水灌溉工程在建设过程中所产生的一切费用;②工程年运行费用函数,即灌溉工程在正常使用过程中所产生的费用。

3.2.1.1　工程投资函数

管道输水灌溉工程投资主要由两大部分组成,即泵站工程投资(水源工程投资)、管网工程投资。工程各部分投资函数如下。

1. 泵站工程投资函数

泵站主要由三部分构成:水泵与电机、建筑物(进出水建筑物和泵房)、变配电系统。泵站投资主要包括机电设备投资和基建投资两部分。泵站投资与水泵机组台数、装机容量有直接关系,同时还与机组的结构型式和水泵性能等因素有关。经统计分析可知,水泵的价格与水泵流量、扬程等有关,而泵站建筑型式与水泵台数、建筑物型式等有关。灌溉规模决定了水泵的设计流量、扬程等,因此泵站的投资与灌溉规模密切相关。由于这种关系很难用数学模型表达,因此泵站投资可利用单位装机容量的泵站投资来计算,如下式所示：

$$K_1 = K_p W_p = \frac{K_p \gamma Q H}{102 \eta_{\text{装}}} \tag{3-1}$$

式中　K_1——泵站总投资,元;

　　　　K_p——泵站投资参数(单位装机容量投资),元/kW;

　　　　W_p——泵站装机容量,kW;

　　　　$\eta_{\text{装}}$——水泵电机效率;

　　　　γ——水容重,N/m³;

　　　　Q——水泵设计流量,m³/h;

　　　　H——水泵扬程,m。

2. 管网工程投资函数

管网是管道输水灌溉工程的重要组成部分,一般可分为输水管道投资、配水管道投资、附件(三通、阀门、给水栓等)三大部分。输配水管道组成了管网的主体,管网中的附件对主干管、干管、支干管等起连接作用,是管网的必要组成部分。同时,附件也可以根据灌溉的需要控制管道系统中水的流量、压力。管网附件在管网中使用的种类多,数目大,在计算中可用占管道投资的比例进行估算。

管道单价和管径存在如下函数关系：

$$M = aD^b \tag{3-2}$$

式中　M——管道单价,元/m;

　　　　D——管道内径,mm;

　　　　a、b——回归参数,可根据管道单价与管径,利用最小二乘法求得。

由式(3-2)可知管网中某一管径的管段投资为：

$$K_j = M_j L_j = a_j D_j^{b_j} L_j \tag{3-3}$$

式中　K_j——系统中第 j 种管道投资,元;

　　　　M_j——系统中第 j 种管道单价,元/m;

　　　　L_j——系统中第 j 种管道长度,m;

　　　　D_j——系统中第 j 种管道内径,mm;

　　　　a、b——系统中第 j 种管道回归参数,可根据管道单价与管径,利用最小二乘法求得。

由式(3-3)可知管网总投资为：

$$K_2 = (1+\chi)\sum_{j=1}^{n} K_j = (1+\chi)\sum_{j=1}^{n} M_j L_j = (1+\chi)\sum_{j=1}^{n} a_j D_j^{b} L_j \tag{3-4}$$

式中　K_2——管网总投资,元;

　　　　n——管网中所用管道种类数;

　　　　χ——管道附件投资占管道投资比例。

3. 工程总投资

整个系统是由多个部分组成的,系统的总投资为各部分投资之和。对于灌溉管网来说,是由水源投资、管网投资两部分组成的,所以总投资 K 为 K_1、K_2 两部分投资之和。

$$K = K_1 + K_2 = \frac{K_p \gamma QH}{102\eta_{\text{装}}} + (1+\chi) \sum_{j=1}^{n} a_j D_j^{b_j} L_j \tag{3-5}$$

式中 K——工程总投资,元。

3.2.1.2 工程年运行费用函数

管道灌溉工程年运行费包括燃料动力费(电费)、维护费、管理费、管理人员工资、其他等部分,对于灌区维护费、管理费、管理人员工资等与工程投资有关,随着灌溉工程总投资的增加而增加,该部分费用可用占工程总投资的比例估算。因此,工程年运行费用可用下式表示为:

$$C = C_1 + C_2 + C_3 + C_4 + C_5 \tag{3-6}$$

式中 C——管道灌溉工程年运行费用,元;

C_1——燃料动力费,元;

C_2——维护费,元;

C_3——管理费,元;

C_4——管理人员工资,元;

C_5——其他费用,元。

1. 燃料动力费计算

燃料动力费是灌区年运行费用的重要组成部分,在总运行费用中占的比重较大。根据本章的研究对象,燃料动力费一般为提水电费,即泵站向管网输水并满足灌溉所需压力所花的动力费用。水泵的提水电费可按下式计算:

$$C_1 = \frac{\gamma EQT_z H}{102\eta_{\text{装}}} \tag{3-7}$$

式中 γ——水容重,N/m^3;

Q——水泵设计流量,m^3/s;

T_z——水泵年工作时间,h;

H——水泵设计扬程,m;

$\eta_{\text{装}}$——水泵装机效率(%);

E——电费单价,元/kWh。

水泵的设计流量可采用下式计算:

$$Q = \frac{m_{\text{净,综}} A}{\eta_{\text{水}}} \frac{1}{Tt} \tag{3-8}$$

式中 A——灌溉面积,hm^2;

$m_{\text{净,综}}$——净综合灌水定额,m^3/hm^2;

T——灌溉周期,d;

t——每天灌溉时间,h;

$\eta_{\text{水}}$——灌溉水利用系数。

将式(3-8)带入式(3-7)中得:

$$C_1 = \frac{\gamma E m_{\text{净,综}} A T_z H}{102\eta_{\text{装}} \eta_{\text{水}} Tt} \tag{3-9}$$

　　水泵扬程为水泵提水高度、管网水头损失、出水口所需工作水头之和。水泵扬程可按下式计算：

$$H = H_0 + h_w + \Delta \tag{3-10}$$

式中　H_0——提水高度，m；

　　　h_w——管网水头损失，m；

　　　Δ——管道出水口（给水栓）工作水头，m，一般取 0.2 m。

　　管网总水头损失包括各管段沿程水头损失和局部水头损失。沿程水头损失是指水流沿流程克服摩擦力做功而损失的水头，局部水头损失是指由于几何边界的急剧变化在局部产生的水头损失，是由于水流突然变形而在水流内部摩擦消耗的机械能，对于管网来说发生在管道拐弯、不同管径衔接处等。

　　总水头损失可表示为：

$$h_w = \sum h_f + \sum h_j \tag{3-11}$$

式中　$\sum h_f$——管网沿程水头损失，m；

　　　$\sum h_j$——管网局部水头损失，m。

　　对于管道灌溉工程来说，沿程水头损失可以用下式计算：

$$h_f = \frac{fLQ^m}{D^b} \tag{3-12}$$

式中　f——摩擦系数；

　　　L——管道长度，m；

　　　Q——管道流量，m³/h；

　　　D——管道内径，mm；

　　　m——流量指数，与摩阻损失有关；

　　　b——管径指数，与摩阻损失有关。

　　管道灌溉系统管线较长，水头损失以沿程为主，在计算中可用占沿程水头损失的比例计算局部水头损失，一般按沿程水头损失的 10% 计算。

$$h_w = 1.1 \sum h_f = 1.1 \sum_{j=1}^{n} \frac{f_j L_j Q_j^{m_j}}{D_j^{b_j}} \tag{3-13}$$

式中　f_j——第 j 种管道摩擦系数；

　　　L_j——第 j 种管道长度，m；

　　　Q_j——第 j 种管道流量，m³/h；

　　　D_j——第 j 种管道内径，mm；

　　　m_j——第 j 种管道流量指数；

　　　b_j——第 j 种管道管径指数。

　　将式（3-13）代入式（3-10）得水泵扬程为：

$$H = H_0 + 1.1 \sum_{j=1}^{n} \frac{f_j L_j Q_j^{m_j}}{D_j^{b_j}} + \Delta \tag{3-14}$$

　　将式（3-13）代入式（3-9）得提水电费为：

$$C_1 = \frac{\gamma E m_{净,综} A T_z}{102 \eta_{装} \; \eta_{水} \; Tt} \left(H_0 + 1.1 \sum_{j=1}^{n} \frac{f_j L_j Q_j^{m_j}}{D_j^{b_j}} + \Delta \right) \tag{3-15}$$

2. 其他管理费用计算

维护费、管理费、管理人员工资、其他等费用的总和可用 λK 表示,其中 K 为工程总投资(元);λ 为年运行费系数(不包括提水电费)。

3. 工程年运行费用计算

$$C = C_1 + \lambda K \tag{3-16}$$

将式(3-5)、式(3-15)代入式(3-16)得:

$$C = \frac{\gamma E m_{净,综} A T_z}{102 \eta_{装} \; \eta_{水} \; Tt} \left(H_0 + 1.1 \sum_{j=1}^{n} \frac{f_j L_j Q_j^{m_j}}{D_j^{b_j}} + \Delta \right) +$$
$$\lambda \left\{ \frac{K_p \gamma Q H}{102 \eta_{装}} + \left[\sum_{j=1}^{n} (a_j D_j^{b_j} L_j) \right] \cdot (1 + \chi) \right\} \tag{3-17}$$

3.2.1.3 工程年费用函数

根据工程经济学理论,工程年费用等于投资本利摊还与年运行费之和,即

$$M_c = K_0 + C = K \left[\frac{i_c (1 + i_c)^r}{(1 + i_c)^r - 1} + \lambda \right] + C_1 \tag{3-18}$$

式中　M_c——工程年费用,元;

　　　　K_0——工程投资年本利摊还值,元;

　　　　i_c——年利率(%);

　　　　r——工程使用年限,年;

　　　　其他符号意义同前。

3.2.2　工程效益函数

灌溉工程的效益是指有无灌溉相比所增加的农业主副产品的产值。常用效益的计算方法有三种:①分摊系数法;②扣除农业生产费用法;③灌溉保证率法。其中,以灌溉效益分摊系数法应用最多。

分摊系数法是将灌溉所增加的粮食产值乘以灌溉效益分摊系数,以此作为灌溉效益,可采用下式计算:

$$B = A\varepsilon(Y - Y_0)P \tag{3-19}$$

式中　B——灌区水利工程措施分摊的多年平均年灌溉效益,元;

　　　　A——作物种植面积,hm^2;

　　　　ε——灌溉效益分摊系数;

　　　　Y——采取灌溉措施后,作物单位面积的多年平均产量,kg/hm^2;

　　　　Y_0——未采取灌溉措施前,作物单位面积的多年平均产量,kg/hm^2;

　　　　P——农作物产品价格,元/kg。

在灌区内,作物的种类是比较复杂的而不是单一的某一种农作物,所以灌区的效益是各种作物效益之和。可用下式计算灌区的效益:

$$B = \sum_{k=1}^{s} A\alpha_k \varepsilon_k (Y_k - Y_{0k}) P_k \tag{3-20}$$

式中　s——作物种类数;

α_k——第 k 种作物种植系数;

ε_k——第 k 种作物灌溉效益分摊系数;

Y_k——第 k 种作物采取灌溉措施后,作物单位面积的多年平均产量,kg/hm^2;

Y_{0k}——第 k 种作物未采取灌溉措施前,作物单位面积的多年平均产量,kg/hm^2;

P_k——第 k 种作物产品价格,元/kg。

3.2.3　建立优化模型

3.2.3.1　目标函数

灌区工程投资、年运行费、年效益与灌溉面积有关,因此管道输水灌溉工程规模优化应以灌区净效益最大为目标。按照工程经济理论,在确定的工程使用年限条件下,以灌区净年值最大为优化目标,目标函数为:

$$NAV_{\max} = \max\{B - M_c\} = \max\left\{ \sum_{k=1}^{s} A\alpha_k \varepsilon_k (Y_k - Y_{0k}) P_k - K\left[\frac{i_c(1+i_c)^r}{(1+i_c)^r - 1} + \lambda \right] - C_1 \right\} \tag{3-21}$$

将式(3-5)、式(3-15)代入式(3-21),令 $F = \dfrac{i_c(1+i_c)^r}{(1+i_c)^r - 1} + \lambda$ 得:

$$NAV_{\max} = \max\left\{ \sum_{k=1}^{s} A\alpha_p \varepsilon_k (Y_k - Y_{0k}) P_k - F\left[\frac{K_p \gamma Q H}{102\eta_{装}} + (1+\chi)\sum_{j=1}^{n} a_j D_j^{b_j} L_j \right] - \right.$$
$$\left. \frac{\gamma E m_{净,综} A T_z}{102\eta_{装}\,\eta_{水}\,Tt}\left(H_0 + 1.1\sum_{j=1}^{n} \frac{f_j L_j Q_j^{m_j}}{D_j^{b_j}} + \Delta \right) \right\} \tag{3-22}$$

式(3-22)即为管道输水灌溉规模优化模型的目标函数,分别由工程效益函数式(3-20)、系统投资函数式(3-5)、工程年运行费用函数式(3-17)组成。

3.2.3.2　约束条件

目标函数式(3-22)受以下条件约束:

(1)灌溉面积。

灌溉面积应介于最小灌溉面积和最大灌溉面积之间。最小灌溉面积即为灌区设计时所规划的最小面积;最大灌溉面积是指受到灌溉区域地物、地貌及气候等自然条件限制,适合农业灌溉的最大耕地面积。

$$A_{\min} < A \le A_{\max} \tag{3-23}$$

式中　$A_{\min}$——灌区规划最小灌溉面积,hm^2;

A——设计灌溉面积,hm^2;

$A_{\max}$——灌区土地面积,hm^2。

(2)管道水流速度。

流速是管道引水灌溉的重要约束条件,对于引黄管道灌溉来说尤为重要。流速的大小直接影响管道是否淤积,为了防止各级管道出现淤积,流速必须大于该管道所允许的不淤流速。

$$V_j \geqslant V_{Lj} \tag{3-24}$$

式中　　V_j——内径为 D_j 的管道所对应的流速，m/s；

　　　　V_{Lj}——内径为 D_j 的管道所对应的临界不淤流速，m/s。

（3）可供水量。

可供水量是指灌区水源的每年可用于农业灌溉的水量。对引黄灌区而言，灌区年可利用水量即为黄河水利主管部门分配给灌区的水量，即灌区黄河水利用指标。

$$W \leqslant W_{\max} \tag{3-25}$$

式中　　W——灌区年实际引水量，m³；

　　　　$W_{\max}$——年最大允许引水量，即主管部门分配水量，m³。

（4）资金约束。

资金是制约灌区发展的重要因素，对一个地区而言，用于农田水利工程的建设资金是有限的。因此，资金约束是指管道输水灌溉工程的总投资应控制在允许的投资范围以内。

$$K \leqslant K_{\max} \tag{3-26}$$

式中　　K——工程总投资，元；

　　　　$K_{\max}$——工程允许最大投资，元。

（5）非负约束。

本优化模型的决策变量为灌溉面积，非负约束是指决策变量灌溉面积 A 在任何条件下都必须大于或等于 0。

3.3　模型优化方法

3.3.1　模型主要参数确定

3.3.1.1　灌溉用水量

假设整个灌区种植 s 种作物，在任何时段内各种作物灌水定额面积的加权平均值为灌区的综合灌水定额。

$$m_{净,综} = \sum_{k=1}^{s} \alpha_k m_k \tag{3-27}$$

式中　　$m_{净,综}$——灌区综合净灌水定额，m³/hm²；

　　　　α_k——第 k 种作物占全灌区灌溉面积的比值；

　　　　m_k——第 k 种作物某次的灌水定额，m³/hm²。

计入水量损失后的综合毛灌水定额可按下式计算：

$$m_{毛,综} = \frac{m_{净,综}}{\eta_水} = \frac{\displaystyle\sum_{k=1}^{s} \alpha_k m_k}{\eta_水} \tag{3-28}$$

式中　　$m_{毛,综}$——灌区综合毛灌水定额，m³/hm²；

$\eta_{水}$——灌溉水利用系数。

全灌区某次灌水的灌溉用水量为:

$$W_u = Am_{毛,综} = A\frac{m_{净,综}}{\eta_{水}} = A\frac{\sum\limits_{k=1}^{s}\alpha_k m_k}{\eta_{水}} \qquad (3-29)$$

全灌区年灌溉用水量按下式计算:

$$W = \sum_{u=1}^{v} W_u \qquad (3-30)$$

式中 W——灌区年灌溉用水量,m^3;

W_u——第 u 次灌水灌溉用水量,m^3;

v——全灌区年灌水次数。

3.3.1.2 不淤流速

为了防止管道泥沙淤积,使灌区健康平稳地运行,不淤流速也是工程设计与运行的重要参数,不淤流速取值大,要求管道水流流速大,从而增加了水泵扬程,致使工程运行费用增加;不淤流速取值小,虽然工程运行费用减少,但增加了管道泥沙淤积的风险。因此,合理选用不淤流速计算至关重要。黄河下游引黄灌区管道输水不淤流速可采用本书研究的结果,按式(2-19)或式(2-20)计算。

3.3.1.3 管道单价统计参数

表 3-1 为山东莱芜丰田节水器材有限公司 PVC – U 输水管在允许压力分别为 0.40 MPa、0.63 MPa、0.80 MPa、1.00 MPa 下管径与价格的关系,可以看出在管径相同的条件下,随着允许压力的增加,管道的单价也是增加的,而且增速很快。同时,在允许压力相同的条件下,随着管径的增加,单价也是变大的。例如,400 mm 的管道随着允许压力的增加,单价的增速保持在 20% 以上。压力为 0.4 MPa 时,随着管径的增加,单价的增加速度越来越快,管径为 315 mm 和 400 mm 的管道单价增加了 65%。

表 3-1 管径、压力、单价关系

外径(mm)	单价(元/m)			
	0.40 MPa	0.63 MPa	0.80 MPa	1.00 MPa
40	—	—	—	5.20
50	—	5.20	6.37	7.67
63	—	8.32	10.10	11.83
75	—	10.66	13.78	16.77
90	11.18	15.08	19.89	24.18
110	16.12	19.24	23.92	29.12
125	20.02	25.09	30.81	37.83
140	—	31.85	44.20	47.45
160	32.76	41.34	50.57	62.40
200	48.88	62.79	78.78	96.72
250	80.60	99.06	121.94	150.80
315	130.00	158.06	195.00	249.60
400	214.50	260.00	318.50	388.70

　　根据表 3-1 管径、压力、单价的数据,可以绘制出图 3-3 ~ 图 3-6。可以看出在不同允许压力下,随着管径的增加,单价表现出除了增加快慢的不同,总体都呈明显上升趋势。通过回归分析,四条曲线 R^2 的值分别为 0.998、0.997、0.997、0.997,说明管径和价格之间表现出良好的相关性,可以将单价 M 写成关于管径 D 幂的型式,而且可以看出随着允许压力的增加,D 的系数增加。允许压力分别为 0.40 MPa、0.63 MPa、0.80 MPa、1.00 MPa 时,通过回归分析 a、b 分别为:0.001、1.986;0.003、1.862;0.004、1.855;0.005、1.982。由此得出管道单价可以用 $M = aD^b$ 计算。

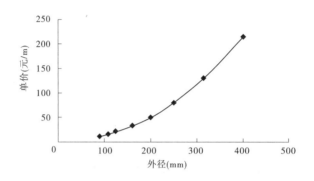

图 3-3　PVC – U 管允许压力为 0.40 MPa 管径与价格关系图

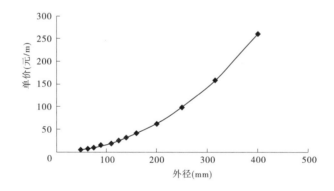

图 3-4　PVC – U 管允许压力为 0.63 MPa 管径与价格关系图

3.3.2　模型求解

3.3.2.1　传统算法及缺点

　　本书所建立的规模优化模型是具有不等式约束的非线性规划模型。从传统的求解方法来看主要有解析法和数值法等,解析法就是利用微分学和变分法的基本方法,寻找函数对自变量求导,令导函数等于零的自变量来求函数在指定区间上的最大值或最小值。如果在一定的约束条件下,求函数的最值可利用拉格朗日法和变分法。解析法的求解办法决定了其本身的缺点,就是在所建立的优化模型连续或不可导时,就不能保证获得最优解。所以,对于非线性模型的求解一般不能直接用解析法求解。数值法就是利用现有的信息,通过迭代方程来求得模型的最优解。在实际应用中也证明数值法可以解决解析法

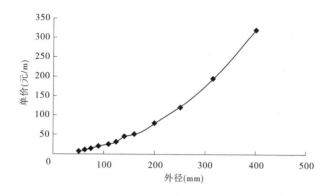

图 3-5 PVC – U 管允许压力为 0.80 MPa 管径与价格关系图

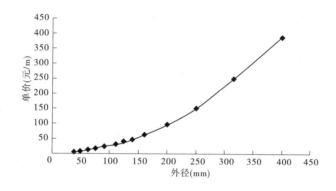

图 3-6 PVC – U 管允许压力为 1.00 MPa 管径与价格关系图

不能解决的问题,因而数值法也成为解决非线性规划的重要方法。目前已经提出了许多以数值法为基础的计算方法,如 Simplex、Powell、Hooke – Jeeves 等方法,这些方法都有自己的特点。和解析法相比共同点就是模型计算中不需要对其求导。

　　总体来说,传统求解方法对模型的限制条件较多,例如要求连续、可导、可微,在整个解的空间内寻求最优解比较困难,很容易陷入局部最优的陷阱。在实现计算之前,需要进行大量的前期准备工作,在模型复杂的情况下这一工作甚至不可能完成。计算结果通常与初始值选取有相当大的关系,不同的初始值造成计算结果差距很大,初始值的确定又与问题背景的了解息息相关。算法又缺乏通用性,针对同一个问题需要用较长的时间去尝试,限制了算法的广泛性。因此,需要针对非线性规划模型的特点,寻找新的算法。

3.3.2.2 遗传算法的起源和发展

　　在众多的非线性模型计算当中,遗传算法良好的性能得到了科学界的一致认同。遗传算法(Genetic Algorithms,简称 GA)是模仿生物进化机制发展来的随机全局搜索和优化方法,借鉴了达尔文和孟德尔的遗传学说。它的本质是一种高效、并行、全局搜索的方法,能在搜索过程中自动积累有关搜索空间的数据,并自适应的控制搜索过程来求得最优解。

　　遗传算法是由美国 Michigan 大学 Holland 教授于 1975 年提出的,同时提出了用简单位串形式编码表示各种复杂的结果,并用简单的变换来改进这种结构,证实了遗传算法可以在搜索空间求得最优解。20 世纪 80 年代初,美国的 De. Jong 博士首次将遗传算法用于模型优化,开创了遗传算法新时代,此后遗传算法飞速发展,并逐渐成熟。从1985年至今国际上已举行了多届遗传算法和进化计算会议,第一本《进化计算》杂志1993年在MIT创刊,1994年IEEE神经网络汇刊出版了进化规划理论及应用专集,同年IEEE将神经网络、模糊系统、进化计算三个国际会议合并为"94IEEE全球计算智能大会(WCCI)",会上发表进化计算方面的论文255篇,引起了国际学术界的广泛关注。

3.3.2.3 遗传算法的实现过程

遗传算法模拟了自然界生物进化现象。把求解问题的解空间映射为遗传空间,即把每一个可能的解码编码作为一个向量(采用二进制或十进制数字串表示),该向量称为一个染色体(chromosome),向量中的每一个元素称为基因(genes)。所有染色体组成的群体(population),按预定的目标函数对每个染色体进行评价,根据其结果给出一个适应度的值。

计算开始时先随机地产生一些染色体,计算其适应度,根据适应度对各染色体进行选择、交换、变异等遗传操作,剔除适应度低的染色体,留下适应度高(性能优良)的染色体,从而得到新的群体。由于新群体的成员是上一代群体的优秀者,继承了上一代的优良特性,因而在总体表现上明显优于上一代。遗传算法就是这样通过反复迭代,向着更优解的方向一代一代地进化,直至得到最优解,其过程可以用图3-7表示。

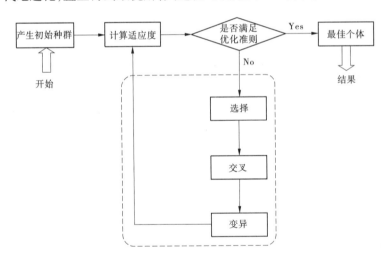

图3-7 遗传算法实现过程

3.3.2.4 应用遗传算法进行规模优化的前期准备

1. 编码

关于遗传算法编码的原则,Balakrishman比较完整地讨论了不同编码方法应该具备的特征为:完备性、封闭性、紧致性、可扩展性、多重性、个体可塑性、冗余性与非冗余性、复杂性(王小平等,2002)。目前比较成熟的二进制编码、格雷码编码、实数编码、符号编码、排列编码、二倍体编码、DNA编码、混合编码、二维染色体编码、Agent编码等形式都是比较高效的(Baskar,2001)。本章采用二进制编码,它将问题空间的参数用字符集{0.1}构成染色体位串,具体编码如下:

用遗传算法进行规模优化时,并不是所有的灌溉规模都可以作为初始群体,过大过小的规模结果适应度计算后,相对应的适应度值偏小,这样会造成整个种群的平均适应度值偏小,影响群体的进化速度,增加迭代次数,延长计算时间。所以,可以将规模控制在一定的范围之内,即将待优化规模控制在 A_{min} 和 A_{max} 之间。将 A_{min} 和 A_{max} 转换为二进制代码,两者较长字符串定位染色体长度,用 L 表示,较短字符串前面加 0 使其长度等于 L,则 A_{min} 和 A_{max} 之间的任何一个实数,都可以用长度为 L 二进制编码表示,所对应的就是一条染色体。

2. 生成初始群体

由遗传算法计算群体性的思路决定,必须准备由若干条染色体组成的初始染色体群体。初始群体的组成对计算效率有一定的影响,一般来说较大的群体能够满足相当多的遗传个数,能在较短的时间内找到最优解。但是,群体的规模越大,需要的计算时间也越长,在通常情况下初始群体的大小可定为 20～100。

3. 构造适应度函数

在遗传算法中适应度函数是用来评价个体的优劣程度,适应度值大的个体更有机会繁衍下一代,使优良的特性得到继承。在遗传算法中适应度小的个体被淘汰的机会则大,通常情况下高于群体适应度的个体做交叉,低于平均适应度的个体做变异(朱鳌鑫,1998)。由适应度函数的作用决定了适应度函数非负。

遗传算法适应度函数和目标函数有关,通常情况下应该事先确定目标函数值和适应度函数之间的转换规则。一般构造适应度函数的方法有两种:直接以待求解函数的负值为适应度函数和界限构造法,本章采用的是界限构造法。

求解最大值的函数,适应度函数为:

$$F_{itness}(f(x)) = \begin{cases} F(x) & F(x) > 0 \\ 0 & F(x) \leqslant 0 \end{cases} \tag{3-31}$$

求解最小值的函数,适应度函数为:

$$F_{itness}(f(x)) = \begin{cases} C_{max} - F(x) & F(x) < C_{max} \\ 0 & F(x) \geqslant C_{max} \end{cases} \tag{3-32}$$

其中,C_{max} 为大于 0 的常数,和模型优化规模有关,一般为了保证 $C_{max} - F(x)$ 大于 0,所以 C_{max} 应该足够大。

在管道输水灌溉规模优化研究中,以年净现值最大为优化目标。所以,采用的适应度函数为:

$$F_{itness}(f(A)) = F(A) \tag{3-33}$$

式中　$F(A)$——随机规划面积为 A 的年净现值,元。

$F(A)$ 越大,$F_{itness}(f(A))$ 也越大,表明该个体适应度也越大,遗传到下一代的机会越高。在灌区的随机规划模型中,年净现值也越大,此种规划方案也越好。

4. 约束条件的处理

非线性规划问题存在等式或者不等式约束,要寻求的最优解必须满足约束条件。因此,怎样去处理这些约束条件就成为一个很重要的问题。遗传算法和传统算法相比,处理约束条件的方法更加灵活。总体来说,目前常用的处理方法有四种:算子修正法,该方法要求算子在搜索的可行域上的操作是封闭的;惩罚函数法,是将约束条件转移到目标函数中去,加上一个反映是否在约束区域内的惩罚项构成一个广义的目标函数,使得在惩罚项的干预下来搜索最优解;改进的自适应惩罚函数,是由 Bean 和 Hadj – Alouane 提出的,这是利用在搜索过程中反馈的信息自适应地调整惩罚因子;改进的启发式惩罚函数,是由 Powell 和 Skolnick 提出的,这种方法可以综合当前解的情况和演化的代数来计算函数的适应度。这四种方法各有优缺点,在本章中选择采用惩罚函数来处理规模优化问题的约束条件。

对于不等式约束条件,可令惩罚函数为:

$$\phi(A) = \min(0, g_i) \quad (i = 1, 2, \cdots, r) \tag{3-34}$$

式中　　g_i——约束条件;

　　　　r——约束条件个数。

当优化变量 A 满足约束条件时,$\phi(A)$ 为 0,相反其值为 g_i。

根据灌区规模优化的目标函数,采用惩罚函数构造的适应度函数为:

$$F'_{itness} = F(A) + \lambda \sum_{i=1}^{r} \left\{ \min(0, g_i) \right\} \tag{3-35}$$

式中　　λ——惩罚因子,作用是调节惩罚函数的值。

3.3.2.5 遗传算法的操作过程

遗传算法是一种群体操作,选择、交叉、变异是遗传算法的核心部分,这也是传统方法所不具备的。

1. 选择算子的操作过程

选择算子的作用就是要从上一代中选出参与产生下一代的个体,来实现群体中的优胜劣汰,适者生存。适应度高的个体遗传到下一代的概率较大,适应度低的个体遗传到下一代的概率较小。目前常采用的选择算子有赌盘选择法(又称适应度比例法)、排序选择法、锦标赛选择法、截断选择法。在本节中选择第一种方法,即适应度比例法,该方法通过以下几步实现:

(1)计算每个面积染色体 A_i 的适应度 $F(A_i)$,其中 $i = 1, 2, \cdots, N$。

(2)计算种群中所有面积染色体适应度之和 F_{total}。

$$F_{total} = \sum_{i=1}^{M} F(A_i) \tag{3-36}$$

(3)计算各个面积染色体 A_i 的相对适应度 $Evalaute(A_i)$,作用是对种群中每个面积染色体设定一个概率,在后面进行的选择过程中相对适应度值大被选中的概率也大。

$$Evalaute(A_i) = \frac{F(A_i)}{F_{total}} \tag{3-37}$$

(4)在 0 ~ 1 之间产生均匀分布的随机数 r_i。

(5)若 $r_i > Evalaute(A_i)$,则第 i 个面积染色体被淘汰;若 $Evalaute(A_{i-1}) < r_i < Evalaute(A_i)$,则第 i 个面积染色体将被保留。在这样的循环操作中相对适应度大的染色体有可能被多次选到。随机产生的 r_i 有可能过大,将所有的面积染色体都淘汰,为了避免将相对适应度较大的面积染色体淘汰掉,采用精英保留策略对当前循环下适应度值大的面积染色体保存。

2．交叉算子的操作过程

所谓交叉，就是两个相互配对的染色体按某种设定的方式相互对换部分基因，形成两个新的染色体的过程。一般适用于二进制编码交叉运算的方法有 4 种：单点交叉、双点交叉、均匀交叉、算术交叉。本节所选取的交叉方法为单点交叉，设 P_c 为交叉操作的概率，简称交叉率，一般取值为 $0.6 \sim 0.99$，说明有 $P_c \times N$ 个面积染色体希望进行交叉运算。$0 \sim 1$ 之间产生一个随机数 P，若 $P < P_c$ 则进行交叉运算，在长度为 L 的染色体上产生随机整数 M 作为交叉点，否则不进行交叉运算，如图 3-8 所示。

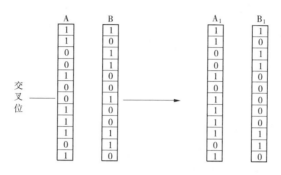

图 3-8　交叉运算示意图

3．变异算子的操作过程

变异运算是指将染色体中的某些基因用其他的基因来替换，形成一个新的染色体。适用于二进制编码的方法有单点变异、均匀变异、高斯变异和二元变异。

本节采用单点变异方法，设 P_m 为变异操作的概率，即变异率，表示有 $P_m \times N$ 个面积染色体希望进行变异运算，一般 P_m 为 $0.001\% \sim 1\%$。从 $0 \sim 1$ 之间选取的随机数大于设定的变异率 P_m 时不发生变异，否则发生变异。然后 $0 \sim L$ 之间产生一个随机整数 M 为变异点，把不同染色体上的等位基因由 0 变为 1 或者由 1 变为 0，如图 3-9 所示。

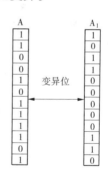

图 3-9　运算示意图

4．遗传算法的终止条件

在群体的进化过程中，通过比较群体适应度的变化来判断其进化状态，当群体的平均适应度值保持在某一水平不再变化，或者变化幅度很小时说明进化状态比较理想是收敛的。在实际操作过程中，为了避免进入死循环，通常采用的办法是限制最大迭代次数。就是在程序开始运行时，预先指定迭代次数，当迭代次数达到时算法立即停止，并且将当前群体中最佳个体作为模型的最优解输出。经常采用的第二种办法是当平均适应度达到一定的精度时，停止迭代。对于自然界来说，生物的进化没有一个明确统一的方向，在采用遗传算法计算时，根据具体问题的实际情况确定终止条件。

总之，遗传算法就是通过"选择—交叉—变异—选择……"不断地循环往复，使各代优良的基因特性不断遗传积累，个体的适应度和种群的平均适应度不断提高，最优良的个体就是所要寻找的最优解。

3.3.3 实例分析

3.3.3.1 项目概况及基本资料

某灌区位于黄河下游,南临黄河,地势平坦,土壤有机质含量高。规划灌溉面积 4 000 hm²,现有耕地面积 6 000 hm²。灌溉水源均来自黄河,年最大引水量 1 500 万 m³。灌区主要种植作物为小麦、玉米、棉花,种植比例分别为 0.75、0.75、0.25。

3.3.3.2 建立模型

1. 管网布置与流量计算

本例中管网采用图 3-1(a) 所示的矩形布置,管材选用山东莱芜丰田节水器材有限公司的 PVC - U 输水管,主干管长度 $L_1 = 2\,000$ m,,灌区宽度即干管长度 $L_2 = 6\,000$ m,支管间距 100 m。综合净灌水定额 $m_{净,综} = 600$ m³/hm²,灌水周期 $T = 8$ d,每次灌水时间 $t = 24$ h,$\eta_水 = 0.95$,提水高度 $H_0 = 3$ m。

工程设计使用年限 $r = 20$,年利率 $i_c = 8\%$。

主干管长度:$L_1 = 2\,000$ m

干管长度:$L_2 = 6\,000$ m

支管总长度:$L_3 = \left(\dfrac{6\,000}{100} + 1\right) \times \dfrac{10\,000A}{6\,000} = 101.7A(\text{m})$

主干管设计流量:$Q_1 = \dfrac{600A}{0.95 \times 8 \times 24} = 3.29A(\text{m}^3/\text{h})$

干管设计流量:$Q_2 = \dfrac{Q_1}{2} = 1.65A(\text{m}^3/\text{h})$

支管流量:$Q_3 = \dfrac{Q_1}{61} = \dfrac{3.29A}{61} = 0.054A(\text{m}^3/\text{h})$

主干管内径:$D_1 = 100 \times \sqrt{\dfrac{4Q_1}{3\,600\pi V_1}} = 100 \times \sqrt{\dfrac{4 \times 3.29A}{3\,600 \times 3.14 V_1}} = 3.4\sqrt{\dfrac{A}{V_1}}(\text{mm})$

干管内径:$D_2 = 100 \times \sqrt{\dfrac{4Q_2}{3\,600\pi V_2}} = 100 \times \sqrt{\dfrac{4 \times 1.65A}{3\,600 \times 3.14 V_2}} = 2.42\sqrt{\dfrac{A}{V_2}}(\text{mm})$

支管内径:$D_3 = 100 \times \sqrt{\dfrac{4Q_3}{3\,600\pi V_3}} = 100 \times \sqrt{\dfrac{4 \times 0.054A}{3\,600 \times 3.14 V_3}} = 0.44\sqrt{\dfrac{A}{V_3}}(\text{mm})$

2. 水泵扬程计算

水泵扬程的计算选取最不利管线为计算依据。

主干管水头损失:

$$h_{w1} = 1.1 \times \dfrac{94\,800 \times 2\,000 \times (3.29A)^{1.77}}{\left(3.4\sqrt{\dfrac{A}{V_1}}\right)^{4.77}} = 5 \times 10^6 \dfrac{V_1^{2.385}}{A^{0.615}}(\text{m})$$

干管水头损失:

$$h_{w2} = 1.1 \times \dfrac{94\,800 \times 3\,000 \times (1.65A)^{1.77}}{\left(2.42\sqrt{\dfrac{A}{V_2}}\right)^{4.77}} = 1.12 \times 10^7 \dfrac{V_2^{2.385}}{A^{0.615}}(\text{m})$$

支管水头损失：

$$h_{w3} = 1.1 \times \frac{94\,800 \times \dfrac{10\,000A}{6\,000} \times (0.054A)^{1.77}}{\left(0.44\sqrt{\dfrac{A}{V_3}}\right)^{4.77}} = 4.98 \times 10^4 V_3^{2.385} A^{0.385} \text{（m）}$$

管网水头损失：

$$h_w = 5 \times 10^6 \frac{V_1^{2.385}}{A^{0.615}} + 1.12 \times 10^7 \frac{V_2^{2.385}}{A^{0.615}} + 4.98 \times 10^4 V_3^{2.385} A^{0.385} \text{（m）}$$

水泵扬程：

$$H = 3.2 + 5 \times 10^6 \frac{V_1^{2.385}}{A^{0.615}} + 1.12 \times 10^7 \frac{V_2^{2.385}}{A^{0.615}} + 4.98 \times 10^4 V_3^{2.385} A^{0.385} \text{（m）}$$

3. 工程投资计算

泵站投资参数 $K_p = 3\,000$ 元/kW，水泵装机效率 $\eta = 0.85$，水容重 $\gamma = 10\,000$ N/m³，管径投资系数 $a = 0.005$、$b = 1.862$，管道附件投资系数 $\chi = 0.1$。

水源工程投资计算：

$$K_1 = \frac{3\,000 \times 10\,000 \times 3.29A \times \left(3.2 + 5 \times 10^6 \dfrac{V_1^{2.385}}{A^{0.615}} + 1.12 \times 10^7 \dfrac{V_2^{2.385}}{A^{0.615}} + 4.98 \times 10^4 V_3^{2.385} A^{0.385}\right)}{102 \times 0.85}$$

$$= 1.14 \times 10^6 A\left(3.2 + 5 \times 10^6 \frac{V_1^{2.385}}{A^{0.615}} + 1.12 \times 10^7 \frac{V_1^{2.385}}{A^{0.615}} + 4.98 \times 10^4 V_3^{2.385} A^{0.385}\right) \text{（元）}$$

管网投资计算：

$$K_2 = 1.1 \times \left[2\,000 \times 0.005 \times \left(3.4\sqrt{\frac{A}{V_1}}\right)^{1.862} + 6\,000 \times 0.005 \times \left(2.42\sqrt{\frac{A}{V_2}}\right)^{1.862} + \right.$$

$$\left. 101.7A \times 0.005 \times \left(0.44\sqrt{\frac{A}{V_3}}\right)^{1.862}\right]$$

$$= 107.4 \times \left(\sqrt{\frac{A}{V_1}}\right)^{1.862} + 171.1 \times \left(\sqrt{\frac{A}{V_2}}\right)^{1.862} + 0.12A \times \left(\sqrt{\frac{A}{V_3}}\right)^{1.862} \text{（元）}$$

工程总投资：

$$K = 1.14 \times 10^6 A\left(3.2 + 5 \times 10^6 \frac{V_1^{2.385}}{A^{0.615}} + 1.12 \times 10^7 \frac{V_2^{2.385}}{A^{0.615}} + 4.98 \times 10^4 V_3^{2.385} A^{0.385}\right) +$$

$$\left[107.4 \times \left(\sqrt{\frac{A}{V_1}}\right)^{1.862} + 171.1 \times \left(\sqrt{\frac{A}{V_2}}\right)^{1.862} + 0.12A \times \left(\sqrt{\frac{A}{V_3}}\right)^{1.862}\right] \text{（元）}$$

4. 工程年运行费用计算

电费单价 $E = 0.53$ 元/kWh，水泵年运行时间 $T_z = 750$ h，年运行费用系数 $\lambda = 10\%$。

燃料动力费：

$$C_1 = \frac{10\,000 \times 0.53 \times 3.29A \times 750 \times \left(3.2 + 5 \times 10^6 \dfrac{V_1^{2.385}}{A^{0.615}} + 1.12 \times 10^7 \dfrac{V_2^{2.385}}{A^{0.615}} + 4.98 \times 10^4 V_3^{2.385} A^{0.385}\right)}{102 \times 0.85}$$

$$= 150\,839.1 \times \left(3.2 + 5 \times 10^6 \frac{V_1^{2.385}}{A^{0.615}} + 1.12 \times 10^7 \frac{V_2^{2.385}}{A^{0.615}} + 4.98 \times 10^4 V_3^{2.385} A^{0.385}\right) \text{（元）}$$

工程年运行费：

$$C = 150\ 839.1 \times \left(3.2 + 5 \times 10^6 \frac{V_1^{2.385}}{A^{0.615}} + 1.12 \times 10^7 \frac{V_2^{2.385}}{A^{0.615}} + 4.98 \times 10^4 V_3^{2.385} A^{0.385}\right) +$$

$$0.01 \times \left\{1.14 \times 10^6 A\left(3.2 + 5 \times 10^6 \frac{V_1^{2.385}}{A^{0.615}} + 1.12 \times 10^7 \frac{V_2^{2.385}}{A^{0.615}} + 4.98 \times 10^4 V_3^{2.385} A^{0.385}\right) +\right.$$

$$\left.\left[107.4 \times \left(\sqrt{\frac{A}{V_1}}\right)^{1.862} + 171.1 \times \left(\sqrt{\frac{A}{V_2}}\right)^{1.862} + 0.12A \times \left(\sqrt{\frac{A}{V_3}}\right)^{1.862}\right]\right\} (元)$$

5. 工程年费用

$$M_c = 0.111\ 9 \times \left\{1.14 \times 10^6 A \times \left(3.2 + 5 \times 10^6 \frac{V_1^{2.385}}{A^{0.615}} + 1.12 \times 10^7 \frac{V_2^{2.385}}{A^{0.615}} + 4.98 \times 10^4 V_3^{2.385} A^{0.385}\right) +\right.$$

$$\left.\left[107.4 \times \left(\sqrt{\frac{A}{V_1}}\right)^{1.862} + 171.1 \times \left(\sqrt{\frac{A}{V_2}}\right)^{1.862} + 0.12A \times \left(\sqrt{\frac{A}{V_3}}\right)^{1.862}\right]\right\} +$$

$$150\ 839.1 \times \left(3.2 + 5 \times 10^6 \frac{V_1^{2.385}}{A^{0.615}} + 1.12 \times 10^7 \frac{V_2^{2.385}}{A^{0.615}} + 4.98 \times 10^4 V_3^{2.385} A^{0.385}\right) (元)$$

6. 工程效益计算

灌区小麦、玉米和棉花的灌溉效益分摊系数 ε_k 分别取 0.5、0.4、0.5，小麦、玉米、棉花（籽棉）灌溉后产量 Y_k 分别取 10 500 kg/hm²、15 000 kg/hm²、7 200 kg/hm²，不灌溉产量 Y_{0k} 分别为 6 000 kg/hm²、11 070 kg/hm²、4 500 kg/hm²，粮食价格 P_k 分别取 2.2 元/kg、2.5 元/kg、8.4 元/kg。

$$B = A \times 0.75 \times 0.5 \times (10\ 500 - 6\ 000) \times 2.2 + A \times 0.75 \times 0.4 \times (15\ 000 - 11\ 070) \times 2.5 +$$
$$A \times 0.25 \times 0.5 \times (7\ 200 - 4\ 500) \times 8.4 = 9\ 495A$$

7. 目标函数

根据以上费用、效益函数，本例优化模型的目标函数为：

$$NAV = 9\ 495A - 0.111\ 9 \times$$

$$\left\{1.14 \times 10^6 A\left(3.2 + 5 \times 10^6 \frac{V_1^{2.385}}{A^{0.615}} + 1.12 \times 10^7 \frac{V_2^{2.385}}{A^{0.615}} + 4.98 \times 10^4 V_3^{2.385} A^{0.385}\right) +\right.$$

$$\left.\left[107.4 \times \left(\sqrt{\frac{A}{V_1}}\right)^{1.862} + 171.1 \times \left(\sqrt{\frac{A}{V_2}}\right)^{1.862} + 0.12A \times \left(\sqrt{\frac{A}{V_3}}\right)^{1.862}\right]\right\} -$$

$$150\ 839.1 \times \left(3.2 + 5 \times 10^6 \frac{V_1^{2.385}}{A^{0.615}} + 1.12 \times 10^7 \frac{V_2^{2.385}}{A^{0.615}} + 4.98 \times 10^4 V_3^{2.385} A^{0.385}\right)$$

8. 约束条件

（1）面积约束：4 000 hm² < A < 6 000 hm²。

（2）管道水流速约束：根据多年统计资料，水源泥沙含量为 6.365 kg/m³，中数粒径为 0.025 mm，按前述试验得到的不淤流速计算公式计算管道的临界不淤流速。本模型主要考虑主干管的不淤流速，主干管不淤则干管、支管不淤，按最大灌溉面积估计管径。

$$V_L \geqslant 3.135\ 1 \times 0.24^{0.230\ 4} \left(2.8\sqrt{\frac{A}{V_L}}\right)^{0.28} \left[\frac{9.8}{3.4\sqrt{\frac{A}{V_L}}}\left(\frac{2.65 - 1.004}{1.004}\right)\right]^{0.25}$$

计算得出：$V_L \geq 4.342 A^{0.014\,78}$（m/s）

（3）可供水量约束：本工程灌溉设计保证率 50% 情况下灌溉作物净灌溉定额为：小麦 180 m³/亩❶（2 700 m³/hm²），玉米 70 m³/亩（1 050 m³/hm²），棉花 120 m³/亩（1 800 m³/hm²）。最大灌水定额 40 m³/亩（600 m³/hm²）。

年灌溉用水量为：

$$W = A\frac{3\,265.5}{0.95} = 3\,437.4A \leq 1.5 \times 10^7 \text{（m}^3\text{）}$$

（4）资金约束：

$$K = 1.14 \times 10^6 A\left(3.2 + 5 \times 10^6 \frac{V_1^{2.385}}{A^{0.615}} + 1.12 \times 10^7 \frac{V_2^{2.385}}{A^{0.615}} + 4.98 \times 10^4 V_3^{2.385} A^{0.385}\right) +$$

$$\left[107.4 \times \left(\sqrt{\frac{A}{V_1}}\right)^{1.862} + 171.1 \times \left(\sqrt{\frac{A}{V_2}}\right)^{1.862} + 0.12A \times \left(\sqrt{\frac{A}{V_3}}\right)^{1.862}\right] \leq 7\,000 \text{ 万元}$$

（5）非负约束：$A > 0$。

3.3.3.3　模型求解

利用 MATLAB 中的遗传算法工具箱，对本模型进行求解。计算结果：在灌溉面积 $A = 4\,363.76$ hm² 时，灌区的年净现值最大 $NAV = 2\,920.03$ 万元。因此，本例的最优灌溉规模为 4 363.76 hm²。

---

❶　1 亩 = 1/15 hm²，全书同。

第4章　引黄灌区管道输水防淤技术措施

4.1　引黄灌区管道输水泥沙淤积分析

4.1.1　管道输水泥沙淤积影响因素

管道输水灌溉管网包括输水管道(干管)和配水管道(支管),配水管道通过竖管与地上给水栓(分水口)连接,地面灌溉采用给水栓(分水口)接软管或直接入畦田(沟)。从灌溉方式看,有分组轮灌和续灌两种方式。

试验和工程实践表明,引黄灌区输配水管道系统泥沙淤积主要取决于输水泥沙含量及颗粒级配、输水流量与管径、灌溉方式与灌溉管理等因素。

一般情况下,水中泥沙含量越大、泥沙颗粒越大,管道中越容易产生淤积;在流量相同情况下,输水管径越大(管中流速越小)越容易产生淤积;同样在管径相同情况下,输水流量越小越容易产生淤积;灌区在续灌情况下,灌溉过程中输配水管道一般不产生淤积,只有在轮灌情况下,管道中的某些部位才产生淤积。

4.1.2　管道输水泥沙淤积的原因

管道淤积的原因有多种,具体分析如下:

(1)管径设计不合理,管内流速为淤积流速。在设计中,有时为了加大管道过水量保险系数,管径选择偏大,流速小于不淤流速;有时管道通过设计流量时流速为不淤流速,而平常运用时流量小,流速也小于不淤流速;有时设计时灌水制度按轮灌设计,而实际运行时按续灌供水运用等。所有这些都有一个共同特点,就是管内流速为淤积流速,导致管内产生淤积。

(2)管道本身质量差,施工质量差。有些管道质量不好,糙率大,实际不淤流速偏大;有些管道施工时接头连接不好,有突出棱角,例如承插式管道连接处,没插到头,造成连接处过水断面突然增大,流速降低;管道铺设遇到软弱地基时因地基处理不好,管身断裂或使用中管材破碎,进入泥土;有的管道拐弯处剧烈急变等。这些都有可能使管道产生淤积。

(3)工程管理原因。一是灌区运行时不按照设计的灌溉工作制度运行,随意关小闸阀,致使管道内输水流量降低;二是一般低压输水管道处于田间,配套建筑物多为开敞式,管理困难,加上农村“重建轻管”严重,人为因素使工程造成淤积;三是有时因拦污栅、沉沙池、排污孔等建筑物失效,大量泥沙与漂流物进入管道,甚至大石子、卵石进入,造成管道淤积。

4.1.3　干管淤积现象

干管淤积主要发生在支管轮灌情况下,而且一般只在支管由下(游)而上(游)分组轮灌情况下,如图4-1 所示。

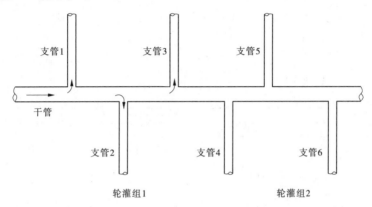

图 4-1　支管轮灌(由下而上)情况下,干管淤积示意图

图 4-1 中,6 条支管分为 2 个轮灌组,支管 1、2、3 为轮灌组 1,支管 4、5、6 为轮灌组 2。当采用由下而上轮灌时,轮灌组 2 灌水完成后,再进行轮灌组 1 灌溉。此时,支管 3 以后的干管中则会形成如图 4-1 所示的回流和异重流淤积,泥沙含量越大、时间越长,淤积量越大。

需要说明的是,支管由上而下轮灌时,灌区下游的干管也会出现淤积,但一条支管的灌溉历时较短,干管中的淤积泥沙不会多,在下面各支管开灌时,前面淤积在干管内的泥沙会被不断地冲走,干管中不会出现累积性泥沙淤积。

4.1.4　支管淤积现象

支管与干管以三通或四通连接,支管通过三通与竖管连接。当灌水以轮灌方式进行时,支管可能出现以下两种淤积情况。

4.1.4.1　给水栓分组轮灌

当同一条支管上的给水栓(分水口)采用分组轮灌时(以图4-2 为例),若由下而上分组轮灌,轮灌组 1 后面的支管基本上为"静水",可能出现淤积情况。而当由上而下灌水时,支管淤积的泥沙,将随着后续给水栓的开启而被带到田间。

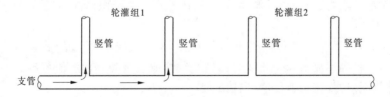

图 4-2　给水栓分组(由下而上)轮灌情况下,支管淤积示意图

4.1.4.2　支管分组轮灌

　　若支管由上而下分组灌水,下游轮灌组灌水时,可能在上游支管进口处产生淤积。如图4-3所示,当轮灌组2(支管4、5、6)灌水时,含沙水流会在支管1、2、3的进口部位形成回流淤积和异重流淤积。管网灌溉轮灌时间越长,淤积越严重,尤其是前面开灌较早的支管。

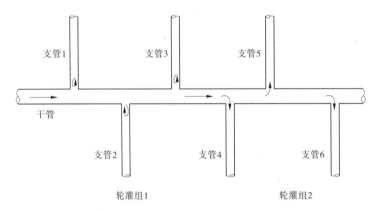

图4-3　支管轮灌情况下,支管管口附近淤积示意图

　　另外,需要注意的是,无论采用何种灌溉方式,管道在停水后,滞留在管道内的水中泥沙都会由于沉淀而产生淤积。水中泥沙含量越大,淤积量就越大。

　　在一般情况下,干、支管淤积的泥沙可通过后续支管及给水栓的开灌不断地被冲走,不会出现累积性泥沙淤积。

　　另外,在管道连接处,承插式管道连接不到位时,在连接处容易产生淤积。

4.2　防止管道输水泥沙淤积的技术措施

4.2.1　管网管径设计

　　浑水输水管网应满足管道水流速大于临界不淤流速的要求以防止管道中产生淤积现象。控制管道流速主要取决于泥沙、管径和设计流量三个因素。这三个因素在管网规划设计中主要体现为管网的管径。

　　管径的设计与管网设计流速有关。清水低压管道系统设计时,管道流速一般按经济流速设计,浑水输水时,为防止灌溉运行过程中管道产生淤积,各级管道的流速应大于其临界不淤流速。

　　对黄河下游引黄灌区,不淤流速的计算按第2章研究提出的式(2-19)计算。从式(2-19)看到,临界不淤流速与水源含沙量及泥沙颗粒级配、管径、流量等有关。因此,不淤流速的计算,关键在于计算参数的选择。

4.2.2　泥沙含量与颗粒级配

　　从本书第1章黄河水泥沙分析中看到,黄河水不同年份、不同季节泥沙含量差别较

大,但泥沙颗粒级配变化不大。在选用泥沙参数时,建议按以下原则确定:

(1)直接从黄河提水。黄河下游山东省有高村、艾山、利津水文测站,有多年、逐月泥沙观测资料,因此直接从黄河引水、不经过沉沙池的工程可根据工程取水口位置,选择最近水文测站的泥沙数据。因不同月份泥沙数据有较大差别,从管道输水不淤的安全考虑,一般取灌溉时间内最大含沙量作为泥沙参数。

(2)从沉沙池、渠道提水。黄河水经过沉沙池沉淀后,水中泥沙含量及泥沙颗粒均有变化。一般而言,泥沙经沉沙池沉淀后,水中泥沙含量减少,泥沙中细颗粒比重增大。此时,泥沙参数不能用黄河水文测站的数据,应根据工程位置选取水样通过检测得到。此外,大多引黄灌区都有泥沙观测资料(如山东省小开河灌区),也可借鉴这些已运行灌区的泥沙资料。

4.2.3　设计流量

管网设计流量是灌溉系统设计的重要参数,在相同管径条件下,流量越大管道流速越大,因此在泥沙、管径一定情况下,不淤流速的控制取决于管网设计流量。

不同的灌溉季节作物灌水时间、需水量等不同,其管网流量也不相同。清水灌溉条件下,一般以管网最大流量作为设计流量,通过经济流速确定管径。而在浑水条件下,管道流速越大对控制不淤越有利。当管径一定时,流量越小流速越小,此时最小流量是控制管道不淤流速的关键。因此,对浑水输水管道管径的选择应以不淤流速控制,即应以管网最大流量设计、最小流量校核。

4.2.4　灌溉工作制度

灌区灌溉工作制度包括轮灌与续灌。由前述分析可知,轮灌组由下而上划分在干管、支管容易产生淤积。因此,当灌区规模较小时,应尽量采用续灌;规模较大的灌区分组轮灌时,轮灌组不易划分得过多,且灌水时,轮灌组采用由上而下的顺序进行。

4.2.5　其他设计

4.2.5.1　管网闸阀设计

(1)为避免支管管首回流淤积(见图 4-3),各支管管首安装控制闸阀,闸阀尽量靠近干管,以减少回流淤积长度。

(2)为避免如图 4-1 所示的干管淤积,可在支管 3 后的干管上设闸阀(轮灌组分界处),当轮灌组 1 工作时,关闭干管上的闸阀。

4.2.5.2　闸阀的选用

试验中发现,当管道闸阀使用球阀时,由于黄河泥沙粒径细(多年平均中数粒径在 0.02 ~ 0.03 mm),泥沙易进入球阀的转体部分,导致阀门不能开、关,特别是在闸阀部分开启情况下,发生这种现象更为严重。因此,浑水管道闸阀不宜使用球阀,应使用板阀。

4.2.5.3　排水冲淤

为便于管网排水冲淤,可根据地形条件在干管、支管尾部设置排水口,防止尾水沉淀淤积。

4.2.6 管道施工

严格控制施工质量,一是严格管材规格与质量,各级管道的管径严格按设计尺寸安装,并按照要求选择符合设计要求的管材。二是施工中尽量使接头平顺,弯道曲率小,水流平顺,不让泥沙等杂物进入管道。采用承插式管道连接确保连接段管道承插到位,不留空隙。三是对特殊地段更要重视,防止地基产生不均匀沉降。

4.3 浑水管道输水管理运行技术

按照临界不淤流速设计的输浑水管道,是浑水输水管道不淤的基本条件,要保证管网输水运行时不淤,必须加强管网的日常管理和科学运行。

4.3.1 系统运行不淤(最小)流量图

对应某一灌区而言,各级管道的管径是已知的,水源的泥沙特征(颗粒级配)也可认为是不变的。因此,可利用管道输水不淤流速计算公式,绘制灌区系统运行的不淤流量图,此流量也即灌区各级管道运行的最小控制流量。管道运行时只有大于该流量才能保证管道输水时不产生淤积。

图4-4～图4-8为利用式(2-19)计算得到的5个泥沙中数粒径、6种管径的含沙量—不淤流量关系图,供运行时参考使用。

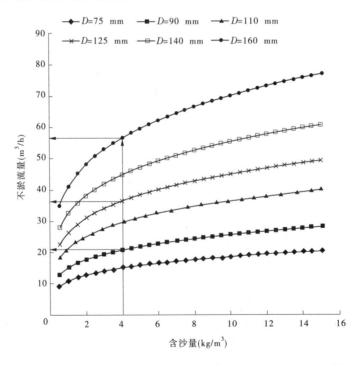

图4-4　泥沙中数粒径为0.02 mm时,含沙量—不淤流量关系图

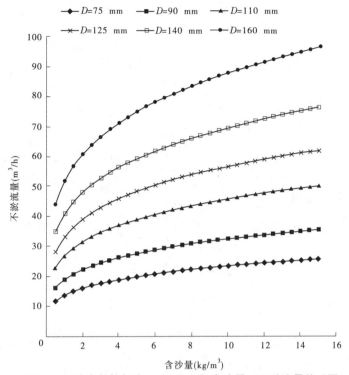

图 4-5　泥沙中数粒径为 0.03 mm 时,含沙量—不淤流量关系图

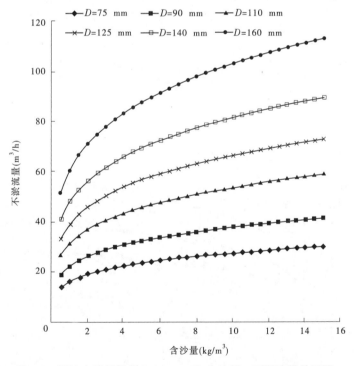

图 4-6　泥沙中数粒径为 0.04 mm 时,含沙量—不淤流量关系图

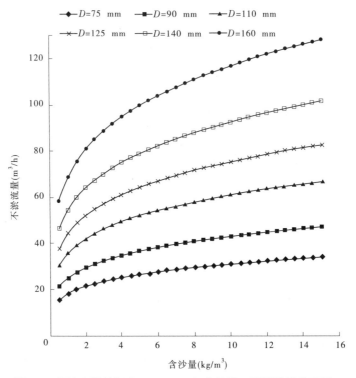

图 4-7　泥沙中数粒径为 0.05 mm 时,含沙量—不淤流量关系图

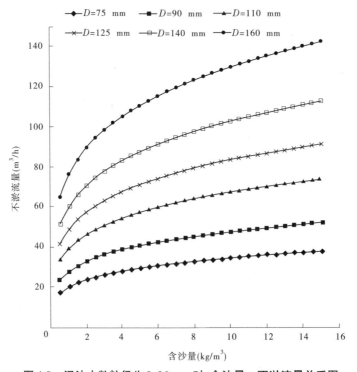

图 4-8　泥沙中数粒径为 0.06 mm 时,含沙量—不淤流量关系图

例如,某灌区某次灌水时,水源含沙量为 4 kg/m³,中数粒径为 0.02 mm,从图 4-4 可以查到,该灌区总干管管径 160 mm 时,最小输水流量为 56.6 m³/h;干管管径 125 mm 时,最小输水流量为 36.5 m³/h;支管管径 90 mm 时,最小输水流量为 20.7 m³/h。

4.3.2　严格按设计管道系统工作制度运行

在管道系统总流量一定情况下,灌区工作制度(续灌、轮灌)决定了各级管道的流量,而各级管道的管径是按照灌区工作制度确定的,特别是对采用轮灌的管道系统,若改为续灌,将导致部分管段流量减少,从而导致管道输水产生淤积。因此,每次灌水时,管道系统应严格按照灌溉工作制度运行。

4.3.3　放水排沙,先冲洗后灌水

管道内水流流速大于临界不淤流速时所产生的冲刷,即可把因轮灌在局部管道产生淤积的泥沙在排水时冲走。因此,每次灌溉前,应先大流量放水排沙,冲洗管网后再灌溉。每年春灌及冬灌时黄河水含沙量很小,可起到冲洗作用。一般做到年冲洗 1~2 次,淤积问题就可解决。

4.3.4　泥沙观测

在每次灌水前应对水源的泥沙含量进行观测,然后根据绘制的系统运行最小流量图,控制各级管道的输水流量。灌水过程中,也可在出水口取水样进行化验,测量水中含沙量,以判断管道是否产生淤积。

第 5 章　管道输水运行管理制度与考核

5.1　防止泥沙淤积的管道输水运行管理制度

"人、财、物、信息"是现代企业管理制度的四个主要管理对象,由于后三者都需要人去管理和操作,人是行为的主体。因此,人的管理工作是企业管理的核心。引黄灌区管道输水运行管理虽然不属于严格意义上的企业管理,但同样可以借助企业管理的理论与方法实施管理。它的运行管理制度就是将管理的组织形式、手段与方法等通过制度的形式加以规定与约束,实现对"人"——管理人员,"物"——设备与建筑物等,"财"——运行资金,"信息"——运行的内在和外在数据等的科学管理,从而达到引黄灌区管道输水灌溉工程的正常运行,确保工程可持续运行,发挥工程效益。引黄灌区管道输水运行管理制度包括以下几个方面。

5.1.1　试运行制度

对新安装或长期停用的水泵,在投入运行前,一般应进行试运行,以便全面检查泵站土建工程和机电设备,尽可能及早发现遗漏的工作或工程和机电设备存在的缺陷,以便及早处理,避免发生事故,保证建筑物和机电设备及结构能安全、可靠地投入运行。

机组试运行工作范围很广,包括检验、试验和监视运行,它们之间相互联系密切。由于水泵机组为首次启动,又以试验为主,对运行性能均不了解,所以必须通过一系列的试验才能掌握。机组试运行的内容主要有:①机组充水试验;②机组空载试运行;③机组负载试运行;④机组自动开、停机试验。

试运行过程中必须按规定进行全面详细的记录,并整理成技术资料;在试运行结束后,交鉴定、验收、交接组织,进行正确评估并建立档案保存。

5.1.2　水泵机组维护检修制度

水泵机组等的维护检修是工程运行管理中的一个重要环节,是安全、可靠运行的关键。为了保持工程的安全、可靠运行,必须保证水泵机组等经常处于良好的技术状态。因此,对泵站所有的机电设备、输配水管道系统,必须进行正常的检查、维护和修理,更新那些难以修复的易损件,修复那些可修复的零件。

维护检修制度包括:

(1)日常维护:是在运行和非运行期间,对水泵和机电设备进行经常性的检查、保养,发现问题及时处理。

(2)定期检修:是机泵管理的重要组成部分,主要是解决运行中已出现并可修复的或者尚未出现的问题,按规定必须检修的零部件。

定期检修是避免让小缺陷变成大缺陷,小问题变成大问题,为延长机组使用寿命、提高设备完好率、节约能源创造条件,因此必须认真、有计划地进行。

(3)大修理:泵站机组大修的周期要根据机组的运行条件和技术状况来确定。根据《泵站技术规范(技术管理分册)》规定,大修周期为:主水泵为 3~5 年或运行 2 500~15 000 h;主电动机为 3~8 年或运行 3 000~20 000 h;并可根据情况提前或推迟。对于管道输水的季节性泵站,可结合非灌溉季节进行大修理。

5.1.3　输配水管道系统管理制度

输配水管道是灌溉供水系统中的重要组成部分,而且是隐蔽工程,管理的难度较大。因此,要求对管道及附属设施进行巡查、维护维修,以保障输水管道的正常运行。

输配水管道系统管理制度主要包括:

(1)巡查制度:长距离输水管道中,存有气体的情况很多,如因供水水量的突增、突减或快速关阀引起管道局部产生真空,或管道内部气体不能完全排出,引起管道过水断面减小,输水阻力增大,增加管内压力,造成通水困难,影响正常供水。因此,应严格执行管道巡查制度,在管道输水期间,加强管道沿线的检查,以便及时发现问题进行处理。

(2)阀门运行维护:输水管道上的阀门经常启闭的是少数,多数阀门是很少启闭的,如果长时间不动作,一旦启闭易引起失灵。因此,阀门的维护保养对于管道正常运行是非常重要的。

截止阀:有控制管道系统流量的作用,在干管、支管进口等都有安装。由于经常处于通水工作状态,黄河水中细小颗粒的泥沙很容易进入阀体内部,易引起阀门失灵,影响管道系统正常运行,因此必须定期对截止阀进行冲洗,必要时进行检修。

排气阀:有在管道充水及运行过程中将管道内的气体排出,避免管内骤然升压的作用。排气阀设在管道的高点处,当排气阀工作时,阀体内浮球频繁撞击阀内壁,易造成浮球产生裂纹,甚至断裂,导致漏水,此时需更换新的浮球。

排水(泥)阀:亦称泄水阀,有排泄管道内的水的作用。在运行过程中,排泥阀不经常启闭。排泥阀一般设在管道的低点处。由于引黄水质浑浊,含泥沙较多,排泥阀泄水后,容易造成阀门关闭不严,导致漏水,如果漏水量较大,则必须更换排泥阀。

安全阀:亦称泄压阀,当管道内压力超过安全阀设定的压力时,安全阀会立刻打开泄水,这样可起有效地泄去管道压力、削能减峰,保护管道安全的作用。当管道内压力小于设定压力时,安全阀自动关闭,缓解了压力波动对管道的影响。

由于水质浑浊,水中泥沙进入各类阀体内部,易引起阀门失灵,对管道安全不利。因此,必须要定期清洗管道上的排气阀,打开排泥阀泄掉沉积在管道内的浑水。

(3)给水栓:给水栓是管道输水的出水口,关闭、开启频繁,由于水质浑浊,水中泥沙容易进入给水栓内部,造成启闭失灵,影响灌溉。因此,必须定期清洗给水栓。

5.1.4　检测制度

泥沙含量与泥沙颗粒级配是管道输水是否产生淤积的重要因素。因此,要建立泥沙检测制度,掌握水源及输水过程中泥沙变化情况,以便确定系统流量,判断管道淤积情况。

检测制度包括：

（1）水源泥沙检测：每次灌溉水泵开机前，都应对水源的泥沙含量进行检测，有条件的灌区还应进行泥沙颗粒级配检测，以确定水泵及管道系统的输水流量，防止输水工程中泥沙淤积。当灌溉周期较长时，最好在灌溉过程中进行水源泥沙检测，以掌握水源泥沙动态变化情况，使灌溉系统始终在不淤状态下运行。

（2）管道出口（给水栓）泥沙检测：同时在水源（水泵进口）和管道出口（给水栓）检测含沙量，根据两者含沙量的变化情况，可判断管道是否存在泥沙淤积。

5.1.5　运行制度

管道输水系统的运行制度包括水泵机组运行方式、管道系统（干、支管）工作制度及水泵机组操作规程、运行记录等。

5.1.5.1　水泵机组运行方式

水泵机组的运行方式是决定管道输水系统管理方式的重要因素，而管道输水系统的总体管理方式又反过来对水泵的运行方式给予一定的制约。在任何情况下，运行操作方式以及操作方法，都必须根据水泵机组的规模、使用目的、使用条件及使用的频繁程度等确定，并使水泵机组安全、可靠而又经济地运行。

5.1.5.2　管道系统工作制度

管道系统一般包括干管与支管，其工作制度即为灌溉（灌区）工作制度，包括续灌与轮灌，是由灌溉规划设计确定的。为了避免引黄灌区管道输水泥沙淤积，各级管道应尽可能采用大流量输水，因此管道系统运行时必须严格按照设计的工作制度运行，切忌把轮灌管道改为续灌，从而使管道流量降低，输水流速减少而造成淤积。

管道系统工作制度包括水源泥沙情况、各级管道工作流量、不淤流量、工作时间、先后顺序等，如表 5-1 所示。

表 5-1　×××灌区××次灌水管道系统工作制度

水源泥沙含量_____　　泥沙中数粒径_____　　检测时间　　年　　月　　日

序号	干管编号	支管编号	管道直径（mm）	管道长度（m）	轮灌组	管道流量（m³/h）		工作时间
						工作流量	不淤流量	
1	干管 – 1							
2		支管 1						
⋮	⋮	⋮						

图 5-1 为某灌区管道系统图。下面以图 5-1 为例，说明管道系统运行制度编制方法。

（1）水源泥沙检测。灌溉前经过对水源泥沙检测，含沙量为 4 kg/m³，泥沙中数粒径 0.022 mm。

（2）确定管道工作制度（轮灌、续灌）。本例分别采用轮灌和续灌两种工作制度，以进行比较。

轮灌分为轮灌组 1（支管 1、支管 3）和轮灌组 2（支管 2、支管 4）。

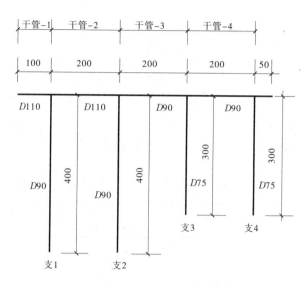

图 5-1　某灌区管道系统图

将相关信息填入表 5-2 中。

表 5-2　×××灌区××次灌水管道系统工作制度(轮灌)

水源泥沙含量　4 kg/m³　　　泥沙中数粒径　0.022 mm　　　检测时间　　年　　月　　日

序号	干管编号	支管编号	管道直径 (mm)	管道长度 (m)	轮灌组	管道流量(m³/h)		工作时间
						工作流量	不淤流量	
1	干管-1		110	100	1	55	31.0	4月6~ 8日
2		支管1	90	400		23	21.8	
3	干管-2		110	200		32	31.0	
4	干管-3		90	200		32	21.8	
5		支管3	75	300		32	15.8	
6	干管-1		110	100	2	50	31.0	4月9~ 11日
7	干管-2		110	200		50	31.0	
8		支管2	90	400		27	21.8	
9	干管-3		90	200		23	21.8	
10	干管-4		90	200		23	21.8	
11		支管4	75	300		23	15.8	

(3)计算各级管道不淤流速,从而确定管道输水的不淤流量(最低流量)。根据水源含沙量、泥沙中数粒径,按本书提出的式(2-19)或"系统运行不淤(最小)流量图",计算各级管道的不淤流量。本例含沙量为 4 kg/m³,泥沙中数粒径 0.022 mm,计算得到管径(外径)为 110 mm、90 mm、75 mm 时,其不淤流量分别为 31.0 m³/h、21.8 m³/h、15.8 m³/h。

计算结果填入表 5-2 中。

(4)确定管道工作流量。采用由下而上的方式从最末一级(根)管道开始,按照工作流量大于不淤流量的原则逐段向上递推的方法确定各轮灌组各级管道的工作流量。例如表 5-2 轮灌组 1 中,从支管 3 开始,不淤流量为 15.8 m³/h,考虑到上级管道干管 −3、干管 −2 的最大不淤流量为 31.0 m³/h,因此支管 3 的工作流量确定为 32 m³/h,干管 −3、干管 −2 与其相同(中间没有分流)。支管 1 的不淤流量为 21.8 m³/h,确定工作流量为 23 m³/h,这样干管 −1 的工作流量为 55 m³/h。按照同样方法,轮灌组 2 的管道工作制度如表 5-2 所示。

表 5-3 为图 5-1 所示管道系统按照续灌方式编制的管道工作制度。

表 5-3　×××灌区××次灌水管道系统工作制度(续灌)

水源泥沙含量　4 kg/m³　　　泥沙中数粒径　0.022 mm　　　检测时间　　年　　月　　日

序号	干管编号	支管编号	管道直径（mm）	管道长度（m）	管道流量（m³/h）		工作时间
					工作流量	不淤流量	
1	干管 −1		110	100	88	31.0	
2		支管 1	90	400	22	21.8	
3	干管 −2		110	200	66	31.0	
4		支管 2	90	200	22	21.8	4 月 6 ~ 8 日
5	干管 −3		90	200	44	21.8	
6		支管 3	75	400	22	15.8	
7	干管 −4		90	200	22	21.8	
8		支管 4	75	400	22	15.8	

由表 5-2、表 5-3 看到,同一管道系统,采用续灌时系统总流量为 88 m³/h,大于轮灌时的 55 m³/h,因此考虑管道不淤流量情况下,续灌方式的干管工作流量大于轮灌方式,但续灌总灌水时间短。

另外,每次灌溉运行结束后,管道内或多或少都会产生淤积现象,因此在每次灌水开始时,系统应以大流量运行,以起到冲洗管道的作用。

5.1.5.3　水泵机组操作规程

水泵机组操作规程主要包括开机、运行、运行检查、停机等步骤。应严格按照操作规程进行。

5.1.5.4　运行记录

水泵机组、管道输水系统每一次运行都要有专门的运行记录,包括开停机时间、各种仪表读数、运行情况及问题(事故)处理等。

5.2　管道输水运行管理考核指标体系

5.2.1　考核的目的

引黄灌区管道输水灌溉工程是重要的水利基础设施之一,对农业、农村、农民乃至经济社会的发展都起着重要的不可替代的作用。工程的关键在于日常的运行管理,只有规范的运行管理,才能确保工程的可持续运行,发挥其应有的作用。而要掌握工程是否做到规范运行,必须通过对其运行进行考核的方式来实现。

引黄灌区管道输水灌溉工程运行管理考核,就是通过建立工程运行管理的考核指标体系,利用科学的方法和手段,对工程的管理情况、运行状况、运行效果进行动态跟踪调查、统计和测定,掌握工程运行管理的信息,从而对管道输水灌溉工程做出运行质量的客观评价,总结经验,查找不足,促进工程的管理到位、运行规范,实现其可持续运行。

5.2.2　建立考核指标体系的原则

5.2.2.1　全面性原则

管道输水灌溉涉及工程、技术、管理、经济及环境等多方面的因素,为使考核指标能够全面反映工程运行状况与效果,考核指标体系要考虑到多方面的因素。

5.2.2.2　层次性与系统性原则

一个完整的指标体系应由不同层次组成,这样可以用不同层次反映项目指标体系的内在结构、关键问题,并制定相应的解决问题的措施,便于发现问题,也便于纵向分析和横向比较。

系统性原则要求各个层次的指标在设置时要考虑指标在整体中的作用,指标的设置围绕小型农田水利工程可持续运行这个大系统。

5.2.2.3　简明性原则

管道输水灌溉工程运行管理考核指标体系除要考虑指标的覆盖性外,还要同时考虑指标的简明性,也就是说在选择评价指标构建指标体系时,指标要简单明了,便于解释和理解。

5.2.2.4　实用性原则

指标体系的建立是为了应用于实践,因而必须坚持实用性原则,对于无关的因素要舍弃,选取的指标应易于考核人员去读取,具有较强的可操作性。

5.2.3　运行考核的内容

根据管道输水灌溉工程的特点和考核的目的、作用,依据水利工程管理的相关规定,对管道输水灌溉工程运行考核分组织管理、工程管理、运行管理三个方面。

5.2.3.1　组织管理考核

组织管理是工程规范运行的保障,其管理组织机构、管理设施、管理人员等是确保工程运行的关键因素。组织管理考核的内容主要有管理机构与人员、管理制度、管理设施和档案管理四个方面。

(1)管理机构与人员。灌区工程管理必须依据工程规模建立相应的管理机构,并有足够的管理人员,对管理人员要进行业务培训,确保管理人员有一定的管理能力。管理机构与人员主要包括机构设置、管理人员数量、人员管理能力三个方面考核。

(2)管理制度。管理制度是管理人员的行为准则,工程的运行与管理必须有规章制度做约束。因此,必须建立和健全各种规章制度并严格执行。管理制度考核主要从制度建设情况和制度执行情况两个方面考核。

根据工程与管理的需要,管理制度包括工程管理制度、灌溉管理制度、财务管理制度、管理人员职责、维护维修制度等。对制度建设情况的考核,就是考核管理单位是否建立和健全了这些制度,制度的内容是否全面,是否能根据运行情况进行不断完善。

制度执行情况考核主要考核管理人员能否严格执行所制定的各项规章制度。

(3)管理设施。主要考核管理场所和办公器具两个方面。水利工程管理单位必须具备一定的管理条件,即有固定的管理场所,包括办公室、仓库等,有相应的办公器具,如办公桌椅、橱柜、通信及网络设施、计算机、打印机等。

(4)档案管理。工程管理单位档案包括有关文件、用水户登记、工程设计资料、验收记录、维修记录、运行记录、泥沙检测、用水量测记录、各种计划、用水合同或协议、单位账务及票据等原始资料。这些资料应分类建档、妥善保管。对它的考核主要从档案完整情况和档案保管情况两个方面。档案完整情况主要考核档案是否齐全、完整,分类是否合理等。档案保管情况主要考核档案是否有专人管理、是否有固定的存放地点、档案完好情况等。

5.2.3.2　工程管理考核

工程是管理单位赖以生存的基础,是确保灌溉用水的前提。为了使工程能够长期运行,必须对所辖工程进行维护,出现问题及时处理,确保工程的正常运行。对管道输水灌溉工程管理的考核主要包括工程完好率、工程维护维修两个方面。

(1)工程完好情况。对工程完好情况的考核包括水源工程完好情况、机电设备完好情况、管道系统完好情况、闸阀完好情况、给水栓(出水口)完好情况五个方面。

(2)工程维护及维修情况。加强工程的维护维修是确保工程正常运行的关键。管理单位应经常对所辖工程进行检查和维护,发现问题及时进行维修。工程维护维修情况考核主要包括机电设备维护、管道系统维护、维护维修记录三个方面。

5.2.3.3　运行管理考核

运行管理是管理单位灌溉期间(管网运行)的主要任务之一。抓好运行管理,不仅可以维持正常的用水秩序,确保用水户及时用水,而且可以防止管道淤积,提高工程使用寿命,同时还可以提高灌溉质量,促进灌区农业的稳产、高产。对工程运行管理的考核主要包括用水管理、机电设备、管道系统、泥沙检测、输沙能力五个方面。

1.用水管理

用水管理主要从计划用水、用水计量和用水登记三个方面考核。

(1)用水计划。工程管理单位每年年初都要根据本年度的作物种植情况、灌溉面积情况等,编制灌溉用水计划。因此,本项考核主要考查是否编制用水计划,用水计划编制是否合理等。

(2)用水计量是灌区实施计划用水、合理配水、节约用水、按方收费的重要手段,因此要求灌区各级渠道、用水户都要设立测水、量水站点与设施。每一次用水都要有专人进行测量、记录。

(3)灌区每一次供水都要有用水登记,登记范围包括灌区水源、各级管道、用水组与用水户,登记内容包括总用水量、用水时间等。用水户的用水登记必须有用水户签名。

2.机电设备

机电设备主要从操作规程、运行记录、试运行制度、机组运行方式等四个方面进行考核。

(1)操作规程。主要考核是否制定水泵机组详细的操作规程及执行情况。要求各种操作规程张贴上墙,并严格执行。

(2)运行记录。水泵机组运行要有专门的运行记录簿,每次运行按照要求进行记录。

(3)试运行制度。对新建或运行间隔时间长的水泵机组,要有试运行制度。对它的考核主要是看是否有试运行计划及执行情况。

(4)机组运行方式。当水泵机组较多时,应编制合理的机组运行方式。对它的考核主要是看是否编制有机组运行方式、编制是否合理等。

3.管道系统

管道系统主要从管道工作制度、管道系统巡查、管道冲洗三个方面进行考核。

(1)管道工作制度。每一次灌水都应根据水源泥沙情况编制管道工作制度,以确保各级管道流量都大于不淤流量,避免泥沙淤积。对它的考核主要看是否编制管道工作制度及执行情况(通过运行记录)。

(2)管道系统巡查。输配水管道大都埋入地下,检查、维修困难。因此,在管道运行期间,应做好管道沿线的巡查工作,对出现爆管、管道漏水等情况应及时进行抢修,确保管道系统正常运行。对它的考核主要是通过查看管道巡查记录。

(3)管道冲洗。每次灌水结束后,由于管道内的余水大多不能排空等原因,在管道内有泥沙沉积现象。因此,在每次灌水开始前,管道系统以大流量输水,起到冲洗管道泥沙作用。对它的考核主要是通过查看管道冲洗记录。

4.泥沙检测

泥沙是管道输水是否产生淤积的重要参数,为此要求在每次灌水前,或者当灌水时间较长时在灌水期间,都要对水源的泥沙含量、颗粒级配进行检测,为编制管道工作制度提供依据。泥沙检测考核主要从水源泥沙检测、出水口泥沙检测两个方面进行。

5.输沙能力

输沙能力主要考核管道系统泥沙输送能力,据此反映管道系统运行时泥沙是否存在淤积现象。对它的考核主要通过管道流量、进出口泥沙含量变化情况实现。

5.2.4　运行考核指标

根据上述工程运行考核的内容建立考核指标体系,考核指标体系分三级,一级指标 3个、二级指标 11 个、三级指标 30 个,具体指标见表 5-4。

表 5-4　管道输水灌溉工程运行考核指标体系

一级指标	二级指标	三级指标
组织管理 F_1	管理机构与人员 A_1	机构设置 A_{11}
		人员数量 A_{12}
		管理能力 A_{13}
	管理制度 A_2	制度建设 A_{21}
		制度执行 A_{22}
	管理设施 A_3	管理场所 A_{31}
		管理器具 A_{32}
	档案管理 A_4	完整情况 A_{41}
		质量情况 A_{42}
工程管理 F_2	工程完好率 B_1	水源工程完好率 B_{11}
		机电设备完好率 B_{12}
		管道完好率 B_{13}
		闸阀完好率 B_{14}
		给水栓完好率 B_{15}
	工程维护及维修 B_2	机电设备维护 B_{21}
		管道系统维护 B_{22}
运行管理 F_3	用水管理 C_1	用水计划 C_{11}
		用水计量 C_{12}
		用水登记 C_{13}
	机电设备 C_2	操作规程 C_{21}
		运行记录 C_{22}
		试运行制度 C_{23}
		机组运行方式 C_{24}
	管道系统 C_3	管道工作制度 C_{31}
		管道系统巡查 C_{32}
		冲洗制度 C_{33}
	泥沙检测 C_4	水源泥沙检测率 C_{41}
		出水口泥沙检测率 C_{42}
	输沙能力 C_5	管道不淤流量达标率 C_{51}
		泥沙运移度 C_{52}

5.2.5　考核的指标量化

管道输水工程考核指标体系中三级指标共 30 个,其中定性指标 21 个,定量指标 9 个。为了能使考核指标便于利用模型进行统计与分析,应将所有指标进行量化处理。

5.2.5.1　定性指标量化处理

定性指标采用百分制评分,各指标的具体评分标准如表 5-5 所示。

表 5-5　定性指标考核内容与评分标准

一级指标	二级指标	三级指标	考核内容	评分标准	标准分
管理机构与人员	机构设置		管理单位组织机构健全，岗位设置合理	A. 组织机构健全，岗位设置合理	90～100
				B. 组织机构基本健全，岗位设置基本合理	70～89
				C. 组织机构不健全或岗位设置不合理	0～69
	人员数量		管理单位各岗位均有专、兼职人员，数量满足要求	A. 管理人员数量满足要求	90～100
				B. 管理人员数量基本满足要求	70～89
				C. 管理人员数量不满足要求或偏多	0～69
	管理能力		各岗位人员具有初中以上文化程度，有较强的组织管理能力和素质，并按规定参加岗位培训，关键岗位要求持证上岗	A. 管理人员学历层次较高，按规定参加岗位培训，关键岗位持证上岗	90～100
				B. 部分参加岗位培训，关键岗位持证上岗	70～89
				C. 没有参加岗位培训，关键岗位未持证上岗	0～69
管理制度	制度建设		管理单位应建立健全各项管理规章制度，并张贴上墙	A. 各项制度健全、合理，并张贴上墙	90～100
				B. 制度不健全或各项管理不合理，未张贴上墙	70～89
				C. 无管理制度	0
	制度执行		所有管理人员应严格执行管理制度	A. 严格执行各项制度	90～100
				B. 基本能够执行各项制度	70～89
				C. 制度执行不严格	0～69
管理设施	管理场所		管理单位应有固定的场所，办公及仓库面积满足要求	A. 管理场所固定，面积满足要求	90～100
				B. 管理场所固定，面积较小	70～89
				C. 无固定管理场所	0
	管理器具		有相应的管理器具，如办公家具、通信设施、计算机等	A. 管理器具满足要求	90～100
				B. 管理器具有，但不满足要求	70～89
				C. 无管理器具	0

续表 5-5

二级指标	三级指标	考核内容	评分标准	标准分
档案管理	完整情况	有专人管理，档案设施齐全、完整；各类工程建档立卡，图表资料等齐全	A. 档案分类清楚、齐全、完整、规范	90~100
			B. 档案分类基本清楚，齐全、完整、规范	70~89
			C. 档案未分类，不完整，不规范	0~69
	质量情况	各类档案分类清楚，存放有序，按时归档，完整无损	A. 档案存放有序，按时归档，完整无损	90~100
			B. 档案存放有序，能够按时归档，基本完好无损	70~89
			C. 档案存放无序，不能按时归档，损坏较严重	0~69
工程维护及维修	机电设备维护	按规定对机电设备、金属结构等进行养护，发现问题及时维修，并做好记录，确保其正常运行	A. 经常对机电设备进行维护，运行正常，且有记录	90~100
			B. 能够对机电设备进行维护，运行基本正常，且有记录	70~89
			C. 机电设备维护不正常，出现较大问题，记录不完整	0~69
	管道系统维修	按规定对管道系统进行维护，发现问题及时维修，并做好记录，确保工程正常运行	A. 经常对工程进行维护，运行正常，且有记录	90~100
			B. 能够对工程进行维护，运行基本正常，且有记录	70~89
			C. 工程养护不经常，运行出现较大问题，记录不完整	0~69
用水管理	用水计划	每年年初都要编制灌区总用水计划，每次用水编制本次用水计划，并做好准备工作	A. 用水计划编制齐全，且编制较好，做好每次用水准备工作	90~100
			B. 用水计划编制较齐全，每次用水做好准备工作较好	70~89
			C. 无年度或每次用水计划，用水准备工作不充分	0~69
	用水计量	量水设施齐全，手段先进合理，每次用水户都要有供水、用水计量	A. 量水设施齐全，计量准确，用水计量到户	90~100
			B. 量水设施基本齐全，计量基本准确，用水计量到管	70~89
			C. 量水设施不齐全	0~69
	用水登记	每次用水都要有供水、用水登记，用水登记做到每次用水户有签名，每次用水要进行汇总整理，全年进行汇总和用水总结	A. 每次用水都有登记，且汇总整理，年度有用水总结	90~100
			B. 用水登记、汇总整理不全	70~89
			C. 无用水登记	0

续表 5-5

二级指标	三级指标	考核内容	评分标准	标准分
机电设备	操作规程	水泵、电机及电气设备等有详细的操作规程，并严格执行	A. 各项操作规程齐全、完整，详细，合理	90～100
			B. 各项操作规程基本齐全，完整，详细，合理	70～89
			C. 操作规程不齐全，不完整，不详细，甚至不合理	0～69
	运行记录	水泵、电机及电气设备等有详细的运行记录	A. 每次运行都有运行记录，且比较认真、仔细、完整	90～100
			B. 运行记录有缺项，缺项	70～89
			C. 每次运行都有运行记录，且认真，仔细，完整	0～69
	试运行制度	有明确的试运行制度	A. 有试运行计划，且能够执行	90～100
			B. 有试运行计划，但未执行	70～89
			C. 无试运行计划	0～69
	机组运行方式	根据水泵机组及规程情况制定合理的机组运行方式	A. 机组运行方式合理	90～100
			B. 机组运行方式基本合理	70～89
			C. 无明确的机组运行方式	0～69
管道系统	管道工作制度	每次灌水都制定有管道工作制度，且制定合理，严格执行	A. 每次灌水都制定有管道工作制度，且完整	90～100
			B. 每次灌水都制定有管道工作制度，且基本完整，合理	70～89
			C. 管道工作制度不完整，不合理	0～69
	管道系统巡查	按规定对管道工程及设施进行经常检查；每次放水前后，进行全面检查；检查内容全面，记录详细、规范	A. 经常对工程进行检查，且有记录	90～100
			B. 能够经常对工程进行检查，且有记录	70～89
			C. 工程检查不经常，且无记录	0～69
	冲洗制度	制定有管道冲洗制度，并严格执行	A. 每次灌水都做到先冲沙，后灌水	90～100
			B. 每年进行过管道冲沙	70～89
			C. 未进行管道冲沙	0

5.2.5.2　定量指标计算

定量指标按照以下方法计算。

1. 水源工程完好率 B_{11}

引黄灌区管道输水灌溉水源工程主要指泵站,泵站包括建筑工程、水泵、电机、变压器等设备。由于水泵、电机、变压器等将其完好率放在"机电设备完好率"中考核,因此水源工程完好率主要考核建筑工程,如进水闸、前池、泵房等工程。水源工程的完好率主要考核工程是否能正常、安全运行,其表现形式分外观和内在两个方面。外观方面可通过工程表面体现,内在方面应通过计算其安全性、工程的功能(如水位、流量等)反映。因此,水源工程的完好率一般应通过对其安全鉴定获得,而工程安全鉴定工作量大。

根据水源工程完好率的上述特点,本考核主要对水源工程的外观进行考核,其完好率按下式计算:

$$B_{11} = 0.6B_{泵房} + 0.3B_{进水闸} + 0.1B_{前池} \qquad (5\text{-}1)$$

式中　B_{11}——水源工程完好率(%);

$\quad\quad B_{泵房}$——泵房工程完好率(%);

$\quad\quad B_{进水闸}$——进水闸工程完好率(%);

$\quad\quad B_{前池}$——前池工程完好率(%)。

2. 机电设备完好率 B_{12}

机电设备包括水泵、电机、变压器、开关柜等,应确保机电设备(包括量水设备)正常运行。它的完好率按下式计算:

$$机电设备完好率 B_{12} = \frac{正常运行的机电设备数量}{灌区总机电设备数量} \times 100\% \qquad (5\text{-}2)$$

3. 管道完好率 B_{13}

管道完好率是指各级管道系统功能、质量等方面完好的管道长度与灌区固定管道总长度之比,可用下式计算:

$$管道完好率 B_{13} = \frac{功能、质量完好的固定管道长度}{灌区固定管道总长度} \times 100\% \qquad (5\text{-}3)$$

4. 闸阀完好率 B_{14}

闸阀完好率是指各级管道系统闸阀完好(能正常使用)的数量与灌区固定管道各类闸阀总数之比,可用下式计算:

$$闸阀完好率 B_{14} = \frac{能正常运行使用的闸阀数量}{灌区固定管道各类闸阀总数量} \times 100\% \qquad (5\text{-}4)$$

5. 给水栓完好率 B_{15}

给水栓完好率是指管道出水口给水栓完好(能正常使用)的数量与灌区给水栓总数之比,可用下式计算:

$$给水栓完好率 B_{15} = \frac{能正常运行使用的给水栓数量}{灌区出水口给水栓总数} \times 100\% \qquad (5\text{-}5)$$

6. 水源泥沙检测率 C_{41}

水源泥沙检测率是指一年内实际检测的水源泥沙次数与需要检测的泥沙总数之比,可用下式计算:

$$水源泥沙检测率\ C_{41} = \frac{实际检测的水源泥沙次数}{灌区年内需要检测的泥沙总数} \times 100\% \qquad (5\text{-}6)$$

7. 出水口泥沙检测率 C_{42}

出水口泥沙检测率是指一年内实际检测的给水栓出水口泥沙次数与需要检测的泥沙总数之比,可用下式计算:

$$出水口泥沙检测率\ C_{42} = \frac{实际检测的出水口泥沙次数}{灌区年内出水口需要检测的泥沙总数} \times 100\% \qquad (5\text{-}7)$$

8. 管道不淤流量达标率 C_{51}

管道不淤流量达标率指每次灌水各级输水管道实际流量超过不淤流量的管道长度之和与各级管道总长度之比,可用下式计算:

$$管道不淤流量达标率\ C_{51} = \frac{不淤流量符合要求的管道长度之和}{灌区各级管道总长度} \times 100\% \qquad (5\text{-}8)$$

9. 泥沙运移度 C_{52}

泥沙运移度是反映管道输水过程中水源与出水口泥沙的变化情况,指出水口泥沙含量与水源泥沙含量之比,可用下式计算:

$$泥沙运移度\ C_{52} = \frac{出水口泥沙含量}{水源泥沙含量} \times 100\% \qquad (5\text{-}9)$$

式(5-9)中,当计算的泥沙运移度 $C_{52} = 100\%$ 时,说明管道输水过程中不会产生泥沙淤积现象;当 $C_{52} < 100\%$ 时,说明管道输水过程中管道内产生泥沙淤积现象;当 $C_{52} > 100\%$ 时,是由泥沙测量误差引起的,此时取 $C_{52} = 100\%$。

5.3　工程运行考核方法

5.3.1　考核模型的建立

管道输水工程运行考核指标体系中,一、二、三级指标同级指标是相对独立的,其层次结构如图 5-2 所示。依据各考核指标的独立性,采取加权求和的方法,建立小型农田水利工程可持续运行考核模型如下。

5.3.1.1　目标层考核模型

$$F = \sum_{i=1}^{3} F_i W_i \qquad (5\text{-}10)$$

式中　F——管道输水工程运行考核评价值;

　　　　F_i——第 i 个一级指标评价值;

　　　　W_i——第 i 个一级指标权重值。

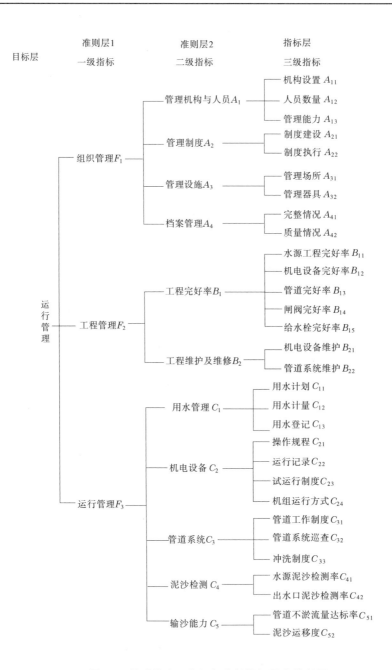

图 5-2　管道输水工程运行考核指标层次分析图

5.3.1.2　准则层 1——一级指标评价值模型

（1）组织管理评价值：

$$F_1 = \sum_{i=1}^{4} A_i W_{Ai} \tag{5-11}$$

（2）工程管理评价值：

$$F_2 = \sum_{i=1}^{2} B_i W_{Bi} \tag{5-12}$$

（3）运行管理评价值：

$$F_3 = \sum_{i=1}^{2} C_i W_{Ci} \tag{5-13}$$

式(5-11)～式(5-13)中，A_i、B_i、C_i 为对应的二级指标评价值，W_{Ai}、W_{Bi}、W_{Ci} 为对应的二级指标权重值。

5.3.1.3　准则层 2——二级指标评价值模型

二级指标评价值通过三级指标评价值加权求和计算，计算模型为：

$$PZ_j = \sum_{i=1}^{n} PZ_{ji} \times WZ_{ji} \tag{5-14}$$

式中　PZ_j——第 j 个二级指标评价值；

　　　PZ_{ji}——第 j 个二级指标对应的第 i 个三级指标值；

　　　WZ_{ji}——第 j 个二级指标对应的第 i 个三级指标值权重值；

　　　n——第 j 个二级指标对应的三级指标个数。

5.3.2　考核模型中指标的取值

上述工程运行考核模型中，对指标的取值有以下三个要求：一是指标的量纲应统一；二是指标的评判标准应同趋势（例如越大越好）；三是为了便于评价，指标值的隶属度应统一。

根据上述要求，对考核指标做如下处理：

（1）指标的量纲。

采用无量纲指标值。本书建立的工程运行考核指标三级指标的定量指标都是无量纲的指标，满足模型的要求。

（2）指标同趋势处理。

本书建立的指标趋势相同，都为越大越好，因此不做处理。

（3）指标的隶属度与指标评分值。

指标的隶属度为(0,100)，即要求三级指标取值都在 0～100 范围内。

①对定性指标评分，按表 5-5 的规定确定指标的评分值。

②对定量指标，在指标计算中统一用百分数表示，指标值均满足模型中指标取值要求。因此，指标评分值 = 指标值 × 100。

5.3.3　考核模型中指标的权重

考核模型中需要确定各层次指标对上一层次指标的权重。指标权重的获取方法有多种,如主观权重确定方法中的权重因子判断表法、专家直观判定法、层次分析法、排序法、德尔斐法等;客观权系数确定方法中的主成分分析和因子分析法、变异系数法、熵权系数法等。本书采用应用较为广泛的层次分析法确定各指标的权重。

层次分析法(Analytic Hierarchy Process)是由美国著名的运筹学家 T. L. Saaty 教授在20 世纪 70 年代提出的。所谓层次分析法,是指将一个复杂的多目标决策问题作为一个系统,将目标分解为多个目标或准则,进而分解为多指标(或准则、约束)的若干层次,通过定性指标模糊量化方法算出层次单排序(权数)和总排序,以作为目标(多指标)、多方案优化决策的系统方法。

层次分析法是将决策问题按总目标、各层子目标、评价准则直至具体的备择方案的顺序分解为不同的层次结构,然后用求解判断矩阵特征向量的办法,求得每一层次的各元素对上一层次某元素的优先权重,最后用加权和的方法递阶归并各备择方案对总目标的最终权重,此最终权重最大者即为最优方案。这里所谓"优先权重"是一种相对的量度,它表明各备择方案在某一特点的评价准则或子目标,标下优越程度的相对量度,以及各子目标对上一层目标而言重要程度的相对量度。层次分析法比较适合于具有分层交错评价指标的目标系统,而且目标值又难以定量描述的决策问题。它的用法是构造判断矩阵,求出其最大特征值及其所对应的特征向量 $\boldsymbol{W}$,归一化后,即为某一层次指标对于上一层次某相关指标的相对重要性权值。

层次分析法确定指标权重的方法如下:

(1)构造指标比较判断矩阵。

层次分析法的一个重要特点就是用两两重要性程度之比的形式表示出两个指标的相应重要性程度等级。如对某一准则,对其下的所有指标进行两两对比,并按其重要性程度评定等级。表 5-6 为 Saaty 给出的 9 个重要性等级及其赋值。按两两比较结果构成的矩阵称作判断矩阵。

表 5-6　因素比较赋值规则

赋值	含义	举例
1	第 i 个因素与第 j 个因素的影响相同	$a_{ij}=a_{ji}=1$
3	第 i 个因素比第 j 个因素的影响稍强	$a_{ij}=3,a_{ji}=1/3$
5	第 i 个因素比第 j 个因素的影响强	$a_{ij}=5,a_{ji}=1/5$
7	第 i 个因素比第 j 个因素的影响明显强	$a_{ij}=7,a_{ji}=1/7$
9	第 i 个因素比第 j 个因素的影响绝对强	$a_{ij}=9,a_{ji}=1/9$
2、4、6、8	两相邻判断的中间值	$a_{ii}=a_{jj}=1$

专家根据表 5-6 的赋分原则得到判断矩阵如下:

$$\boldsymbol{A}=(a_{ij})_{n\times n}=\begin{pmatrix} a_{11} & a_{12} & \cdots & a_{1n} \\ a_{21} & a_{22} & \cdots & a_{2n} \\ \vdots & \vdots & & \vdots \\ a_{n1} & a_{n2} & \cdots & a_{nn} \end{pmatrix}$$

（2）计算指标权重值。

判断矩阵权重计算的方法有三种，即几何平均法（根法）、幂法和规范列平均法（和法）。三种方法以和法最简单，下面介绍和法计算权重的方法。

a. 将 A 的每一列向量归一化得

$$\widetilde{w}_{ij} = a_{ij} \Big/ \sum_{i=1}^{n} a_{ij} \tag{5-15}$$

b. 对 $\widetilde{w}_{ij}$ 按行求和得

$$\widetilde{w}_i = \sum_{j=1}^{n} \widetilde{w}_{ij}$$

$$\widetilde{w} = (\widetilde{w}_1, \widetilde{w}_2, \cdots, \widetilde{w}_n)^{\mathrm{T}} \tag{5-16}$$

c. 归一化

$$w_j = \widetilde{w}_j \Big/ \sum_{j=1}^{n} \widetilde{w}_j \tag{5-17}$$

$$\widetilde{w} = (\widetilde{w}_1, \widetilde{w}_2, \cdots, \widetilde{w}_n)^{\mathrm{T}}$$

w 即为指标的权重值。

d. 一致性检验

计算 Aw。

按下式计算判断矩阵 A 的最大特征值近似值。

$$\lambda = \frac{1}{n} \sum_{i=1}^{n} \frac{(Aw)_i}{w_i} \tag{5-18}$$

判断矩阵的偏差一致性指标 CI：

$$CI = \frac{\lambda - n}{n - 1} \tag{5-19}$$

随机一致性比率 CR：

$$CR = \frac{CI}{RI} \tag{5-20}$$

式中，RI 为平均随机一致性指标，可查有关表得出。当 $CR < 0.1$ 时，认为判断矩阵具有满意的一致性，所求的指标权重可用，否则应对判断矩阵进行调整，重新计算指标权重值。

（3）本书指标权重的确定。

在层次分析方法中，指标判断矩阵是由专家评判的，因此带有很大的主观因素。为了减少主观因素的影响，一般邀请多名专家同时进行，专家数量一般不少于 5 个，但也不宜过多。

根据层次分析方法的要求，每名专家的指标评判矩阵都应满足"一致性"检验，否则应请专家对判断矩阵进行调整，直到满意。专家的初始判断矩阵一般要经过多次调整才有可能满足基本一致性，因此若指标多、专家多，对初始判断矩阵调整的工作量很大。

本书采用课题组集体讨论的方式，集体构造判断矩阵，避免了多个专家构造的判断矩阵不满足"一致性"要求需要重新构造的麻烦。各层次指标的权重见表5-7。

表 5-7　工程运行考核各层次指标权重

一级指标		二级指标		三级指标	
指标	权重	指标	权重	指标	权重
组织管理	0.170	管理机构与人员	0.167	机构设置	0.298
				人员数量	0.345
				管理能力	0.357
		管理制度	0.333	制度建设	0.333
				制度执行	0.667
		管理设施	0.167	管理场所	0.333
				管理器具	0.667
		档案管理	0.333	完整情况	0.667
				质量情况	0.333
工程管理	0.387	工程完好率	0.6	水源工程完好率	0.226
				机电设备完好率	0.274
				管道完好率	0.274
				闸阀完好率	0.113
				给水栓完好率	0.113
		工程维护及维修	0.4	机电设备维护	0.500
				管道系统维护	0.500
运行管理	0.443	用水管理	0.116	用水计划	0.387
				用水计量	0.443
				用水登记	0.170
		机电设备	0.23	操作规程	0.367
				运行记录	0.138
				试运行制度	0.218
				机组运行方式	0.277
		管道系统	0.174	管道工作制度	0.548
				管道系统巡查	0.211
				冲洗制度	0.241
		泥沙检测	0.392	水源泥沙检测率	0.769
				出水口泥沙检测率	0.231
		输沙能力	0.088	管道不淤流量达标率	0.800
				泥沙运移度	0.200

5.3.4　考核方法

5.3.4.1　三级考核指标评分

根据现场考查情况,对三级指标进行评分。定性指标按表 5-5 的评分标准,对各考核项目进行评分,一项考核有多个人员共同参与时,参与考核的人员都要评分,取平均值作为该项评分。定量指标按照式(5-1)~式(5-9)计算得分。

5.3.4.2　一、二级指标评分及工程总体评价

工程运行一、二级指标评分及工程总体评价应按式(5-10)~式(5-14)计算,也可按照表 5-8 的格式计算。

表 5-8　工程运行考核评分与计算

一级指标	二级指标	三级指标		二级指标评分			一级指标评分			工程整体评分		
		指标名称	评分	权重	评分	合计	权重	评分	合计	权重	评分	合计
(1)	(2)	(3)	(4)	(5)	$(6)=(4)\times(5)$	$(7)=\Sigma(6)$	(8)	$(9)=(7)\times(8)$	$(10)=\Sigma(9)$	(11)	$(12)=(10)\times(11)$	$(13)=\Sigma(12)$
组织管理 F_1	管理机构与人员 A_1	机构设置 A_{11}		0.298		0.167				0.170		
		人员数量 A_{12}		0.345								
		管理能力 A_{13}		0.357								
	管理制度 A_2	制度建设 A_{21}		0.333		0.333						
		制度执行 A_{22}		0.667								
	管理设施 A_3	管理场所 A_{31}		0.333		0.167						
		管理器具 A_{32}		0.667								
	档案管理 A_4	完整情况 A_{41}		0.667		0.333						
		质量情况 A_{42}		0.333								
工程管理 F_2	工程完好率 B_1	水源工程完好率 B_{11}		0.226		0.600				0.387		
		机电设备完好率 B_{12}		0.274								
		管道完好率 B_{13}		0.274								
		闸阀完好率 B_{14}		0.113								
		给水栓完好率 B_{15}		0.113								
	工程维护及维修 B_2	机电设备维护 B_{21}		0.500		0.400						
		管道系统维护 B_{22}		0.500								

续表 5-8

一级指标	二级指标	三级指标		二级指标评分			一级指标评分			工程整体评分		
		指标名称	评分	权重	评分	合计	权重	评分	合计	权重	评分	合计
运行管理 F_3	用水管理 C_1	用水计划 C_{11}		0.387		0.116				0.443		
		用水计量 C_{12}		0.443								
		用水登记 C_{13}		0.170								
	机电设备 C_2	操作规程 C_{21}		0.367		0.230						
		运行记录 C_{22}		0.138								
		试运行制度 C_{23}		0.218								
		机组运行方式 C_{24}		0.277								
	管道系统 C_3	管道工作制度 C_{31}		0.548		0.174						
		管道系统巡查 C_{32}		0.211								
		冲洗制度 C_{33}		0.241								
	泥沙检测 C_4	水源泥沙检测率 C_{41}		0.769		0.392						
		出水口泥沙检测率 C_{42}		0.231								
	输沙能力 C_5	管道不淤流量达标率 C_{51}		0.800		0.088						
		泥沙运移度 C_{52}		0.200								

5.3.4.3 考核等级

根据总体评分划定考核等次,即优秀(90～100 分)、良好(75～89 分)、合格(60～74 分)、不合格(60 分以下)。

第6章 引黄灌区管道输水灌溉计算机软件

浑水(水中有泥沙)管道输水灌溉规划设计与清水情况下基本相同,主要区别在于:①因水中泥沙的存在,管道沿程损失不能按照清水情况下的公式(如哈威公式)计算,应按照浑水沿程阻力系数,用达西公式计算;②管径确定应进行不淤流速检验,即确保管中流速大于不淤流速。本章主要介绍浑水管道灌溉系统设计方法与计算机软件。

6.1 引黄灌区管道输水灌溉设计方法

6.1.1 水源

引黄灌区的水源为黄河水,但根据灌区的位置,水源可分为直接从黄河提水,从沉沙池提水和从引黄渠、沟提水。直接从黄河提水的特点是:水中泥沙含量比较大,且不同季节含沙量相差较大,如汛期泥沙含量大,其他季节含沙量相对较少。黄河水经过沉沙池沉淀后,泥沙含量减少,不同季节含沙量也相对均匀。

6.1.2 管网布置

管网一般包括输水干管、配水支管两级固定管道和田间移动管道。

输水干管应根据水源位置和灌区位置确定,尽可能减少干管长度;支管一般平行于作物种植方向,在平原区支管间距为 50~100 m。单向分水取小值,双向取大值。

给水栓和出水口的间距应根据生产管理体制、灌溉方法及灌溉计划确定,间距宜为 50~100 m,单口灌溉面积宜为 0.25~0.6 hm²,单向浇地取较小值,双向浇地取较大值。在山丘区梯田中,应考虑在每个台地中设置给水栓,以便于灌溉管理。

6.1.3 灌溉制度设计

6.1.3.1 灌水定额

灌水定额按下式计算:

$$m = 1\,000\gamma_s h(\beta_1 - \beta_2) \tag{6-1}$$

式中　m——设计净灌水定额,m³/hm²。

h——计划湿润层深度,m,一般大田作物取 0.4~0.6 m,蔬菜取 0.2~0.3 m,果树取 0.8~1.0 m;

γ_s——计划湿润层土壤的干容重,kN/m³;

β_1——土壤适宜含水率(重量百分比)上限,取田间持水率的 85%~95%;

β_2——土壤适宜含水率(重量百分比)下限,取田间持水率的 60%~65%。

不同作物、不同生育期的土壤计划湿润层深度、适宜含水率可参照表 6-1 选用,各种土壤的田间持水率可参照表 6-2 确定。

表 6-1　土壤计划湿润层深度和适宜含水率

冬小麦			棉花			玉米		
生育阶段	h(cm)	土壤适宜含水率(%)	生育阶段	h(cm)	土壤适宜含水率(%)	生育阶段	h(cm)	土壤适宜含水率(%)
出苗	30~40	45~60	幼苗	30~40	55~70	幼苗	40	55
三叶	30~40	45~60	现蕾	40~60	60~70	拔节	40	65~70
分蘖	40~50	45~60	开花	60~80	70~80	孕穗	50~60	70~80
拔节	50~60	45~60	吐絮	60~80	50~70	抽穗	50~80	70
抽穗	50~80	60~75				开花	60~80	
扬花	60~100	60~75				灌浆		
成熟	60~100	60~75				成熟		

注：土壤适宜含水率以田间持水率的百分数计。

表 6-2　各种土壤田间持水率参考

土壤类别	孔隙率(%)	田间持水率	
		占土体百分比(%)	占孔隙率百分比(%)
砂土	30~40	12~20	35~50
砂壤土	40~45	17~30	40~65
壤土	45~50	24~35	50~70
黏土	50~55	35~45	65~80
重黏土	55~65	45~55	75~85

6.1.3.2　设计灌水周期资料

根据灌水临界期内作物最大日需水量值，按式(6-2)计算理论灌水周期。因为实际灌水中可能出现停水，故设计灌水周期应小于理论灌水周期，即

$$T_{理} = \frac{m}{10E_d}, \quad T < T_{理} \tag{6-2}$$

式中　$T_{理}$——理论灌水周期，d；

　　　T——设计灌水周期，取理论灌水周期的整数值，d；

　　　E_d——控制区内作物最大日需水量，mm/d。

6.1.4　管网流量设计

6.1.4.1　灌溉系统设计流量

根据设计灌水定额、灌溉面积、灌水周期和每天的工作时间可计算灌溉设计流量。当管灌系统内种植单一作物时，按式(6-3)计算灌溉设计流量：

$$Q_0 = \frac{amA}{\eta Tt} \tag{6-3}$$

式中　a——某种作物种植比例（%）；

$\quad\quad A$——灌溉面积，hm^2，aA 为某种作物灌溉面积；

$\quad\quad Q_0$——管灌系统的灌溉设计流量，m^3/h；

$\quad\quad \eta$——灌溉水利用系数，取 $0.80 \sim 0.90$；

$\quad\quad t$——每天灌水时间，取 $18 \sim 22\ h$（按实际灌水时间确定）。

6.1.4.2　灌溉工作制度

灌溉工作制度是指管网输配水及田间灌水的运行方式和时间，是根据系统的引水流量、灌溉制度、畦田形状及地块平整程度等因素制定的，有续灌、轮灌和随机灌溉三种方式。

1. 续灌

灌水期间，整个管网系统的出水口同时出流的灌水方式称为续灌。在地形平坦且引水流量和系统容量足够大时，可采用续灌方式。

2. 轮灌

在灌水期间，灌溉系统内不是所有管道同时通水，而是将输配水组，以轮灌组为单元轮流灌溉。系统同时只有一个出水口出流时称为集中轮灌；有两个或两个以上的出水口同时出流时称为分组轮灌。井灌区管网系统通常采用这种灌水方式。

系统轮灌组数目是根据管网系统灌溉设计流量、每个出水口的设计出水量及整个的出水口个数按式（6-4）计算的，当整个系统各出水口流量接近时，式（6-4）化为式（6-5）。

$$N = \text{int}\left(\sum_{i=1}^{n} \frac{q_i}{Q_0} \right) \tag{6-4}$$

$$N = \text{int}\left(\frac{nq}{Q_0} \right) \tag{6-5}$$

式中　N——轮灌组数；

$\quad\quad q_i$——第 i 个出水口设计流量，m^3/h；

$\quad\quad \text{int}$——取整符号；

$\quad\quad n$——系统出水口总数。

给水栓（出水口）流量一般取相同数值，可以根据给水栓控制的灌溉面积与灌水定额、灌水时间计算，还应结合沟灌、畦田灌溉确定流量。

轮灌组数一般按照以下原则划分：①每个轮灌组内工作的管道应尽量集中，以便于控制和管理；②各个轮灌组的总流量尽量接近，离水源较远的轮灌组总流量可小些，但变动幅度不能太大；③地形地貌变化较大时，可将高程相近地块的管道分在同一轮灌组，同组内压力应大致相同，偏差不宜超过 20%；④各个轮灌组灌水时间总和不能大于灌水周期；⑤同一轮灌组内作物种类和种植方式应力求相同，以方便灌溉和田间管理；⑥轮灌组的编组运行方式要有一定规律，以利于提高管道利用率并减少运行费用。

6.1.4.3　各级管道流量计算

管道输水灌溉一般按树状管网设计，当同时开启的出水口个数超过两个时，按

式(6-6)计算各级管道流量:

$$Q = \frac{n_{栓}}{N_{栓}} Q_0 \qquad (6-6)$$

式中　Q——某级或某段管道设计流量,m^3/h;

　　　$n_{栓}$——管道控制范围内同时开启的给水栓个数;

　　　$N_{栓}$——全系统同时开启的给水栓个数。

6.1.5　管径确定

管道系统各管段的直径,应通过技术经济计算确定,对引黄灌区还应进行不淤流速校核。管径的确定方法有如下几种。

6.1.5.1　按经济流速初选管径

在初估算时,可按表6-3选择管内流速,按式(6-7)计算管道的管径,并根据管道规格初步选择管径。

$$D = \sqrt{\frac{4Q}{\pi v}} \qquad (6-7)$$

式中　D——管道直径,m;

　　　v——管内流速,m/s;

　　　Q——计算管段的设计流量,m^3/s。

表 6-3　管道适宜流速

管材	混凝土管	石棉水泥网	水泥砂土管	硬塑料管	移动软管
流速(m/s)	0.5～1.0	0.7～1.3	0.4～0.8	1.0～1.5	0.5～1.2

6.1.5.2　不淤流速计算

对初选的管径,应在设计泥沙含量情况下,对初步拟定的管径按照不淤流速进行校核,以确保管道在通过设计流量时,管内水流流速大于不淤流速。

对聚乙烯(PVC – U、PE)管材、玻璃钢管材、钢管,临界不淤流速按照本书的结果,并按式(6-8)计算:

$$V = 1.476\,1 S_{d}^{0.230\,5} \omega^{0.28} \left(\frac{g}{D} \frac{\rho_s - \rho_w}{\rho_w} \right)^{0.25} \qquad (6-8)$$

式中　V——管道输水不淤流速,m/s;

　　　S_d——质量含沙量,kg/m^3;

　　　ω——泥沙颗粒沉降速度,mm/s;

　　　ρ_w——水的密度,kg/m^3;

　　　ρ_s——泥沙密度,kg/m^3;

　　　D——管径,mm;

　　　g——重力加速度,取 9.8 m/s^2。

泥沙颗粒沉降速度按式(6-9)计算:

$$\omega = \frac{g}{1\ 800}\left(\frac{\rho_s - \rho_w}{\rho_w}\right)\frac{d_{50}^2}{\nu} \tag{6-9}$$

式中　ω——泥沙颗粒沉降速度,cm/s;

　　　d_{50}——沉降中数粒径,mm;

　　　ρ_s——泥沙密度,g/cm^3;

　　　ρ_w——清水密度,g/cm^3;

　　　g——重力加速度,cm/s^2;

　　　ν——水的运动黏性系数,cm^2/s。

水的运动黏性系数按式(6-10)计算:

$$\nu = \frac{\nu_0}{1 + 0.033\ 7t + 0.000\ 22t^2} \tag{6-10}$$

式中　ν_0——水在温度 $t = 0$ ℃时的运动黏性系数,取 $\nu_0 = 0.017\ 92$ cm^2/s;

　　　t——水的温度,℃,由酒精温度计测出。

6.1.5.3　管道不淤流速校核

管径确定以后,在一定流量下管道的水流流速即可确定。但在浑水条件下,当泥沙含量一定时,应通过不淤流速进行检验。当管中水流大于不淤流速时,设计可行,否则应重新设计管径(一般减小管径)。

6.1.6　管网水力计算

6.1.6.1　浑水沿程损失计算

在浑水管道输水管网设计中,其沿程损失按达西公式(6-11)计算。

$$h_f = \lambda \frac{L}{d}\frac{V^2}{2g} \tag{6-11}$$

对聚乙烯(PVC – U、PE)管材、玻璃钢管材、钢管,沿程阻力系数按本研究提出的方法计算。

$$\lambda = (0.520\ 7 - 0.031\ 4\ln Re)d\rho_m \tag{6-12}$$

$$Re = \frac{\gamma d}{V} \tag{6-13}$$

式中　λ——浑水沿程阻力系数;

　　　Re——雷诺数;

　　　ρ_m——浑水密度,t/m^3;

　　　ν——水的运动黏性系数,cm^2/s;

　　　V——管中水流流速,cm/s;

　　　d——管径,cm;

　　　L——管道长度,m。

已知质量含沙量(kg/m^3)求浑水密度 ρ_m 可按下式计算:

$$\rho_m = S_d + \left(1 - \frac{S_d}{\rho_s}\right)\rho_w \tag{6-14}$$

式中　ρ_s——泥沙密度, t/m^3;

　　　ρ_w——水的密度, t/m^3;

　　　其余符号意义同前。

6.1.6.2　局部水头损失

局部水头损失一般以流速水头乘以局部水头损失系数来表示,如式(6-15)所示。在实际工程设计中,为简化计算,总局部水头损失通常按沿程水头损失的10%～15%考虑。

$$h_\zeta = \sum \frac{\zeta V^2}{2g} \tag{6-15}$$

式中　h_ζ——局部水头损失, m;

　　　ζ——局部水头损失系数,可由相关设计手册查出;

　　　V——断面平均流速, m/s;

　　　g——重力加速度,取9.81 m/s^2。

局部水头损失也可按沿程损失的10%估算。

6.1.7　水泵扬程计算

6.1.7.1　管道系统设计工作水头

管道系统设计工作水头按式(6-16)计算:

$$H_0 = \frac{H_{max} + H_{min}}{2} \tag{6-16}$$

其中

$$H_{max} = Z_2 - Z_0 + \Delta Z_2 + \sum h_{f2} + \sum h_{j1} \tag{6-17}$$

$$H_{min} = Z_2 - Z_0 + \Delta Z_1 + \sum h_{f1} + \sum h_{j1} \tag{6-18}$$

式中　H_0——管道系统设计工作水头, m;

　　　H_{max}——管道系统最大工作水头, m;

　　　H_{min}——管道系统最小工作水头, m;

　　　Z_0——管道系统进口高程, m;

　　　Z_1——参考点1地面高程,在平原井区参考点1一般为距水源最近的出水口, m;

　　　Z_2——参考点2地面高程,在平原井区参考点2一般为距水源最远的出水口, m;

　　　ΔZ_1、ΔZ_2——参考点1与参考点2处出水口中心线与地面的高差, m,出水口中心线高程应为所控制的田间最高地面高程加0.15 m;

　　　$\sum h_{f1}$、$\sum h_{j1}$——管道系统进口至参考点1的管路沿程水头损失与局部水头损失, m;

　　　$\sum h_{f2}$、$\sum h_{j2}$——管道系统进口至参考点2的管路沿程水头损失与局部水头损失, m。

6.1.7.2　水泵扬程计算

灌溉系统设计扬程按式(6-19)计算:

$$H_P = H_0 + Z_0 - Z_d + \sum h_{f0} + \sum h_{j0} \tag{6-19}$$

式中　H_p——管道系统设计扬程，m；

$\qquad$ Z_d——水源（机井、进水池）动水位，m；

$\qquad$ $\sum h_{f0}$、$\sum h_{j0}$——水泵吸水管进口至管道进口之间的管道沿程水头损失与局部水头损失，m。

根据以上计算的水泵扬程和系统设计流量选取水泵，然后根据水泵的流量—扬程关系曲线和管道系统的流量水头损失关系曲线校核水泵工作点。

为保证所选水泵在高效区运行，对于按轮灌组运行的管网系统，可根据不同轮灌组的流量和扬程进行比较，选择水泵。若控制面积大且各轮灌组流量与扬程差别很大，可选择两台或多台水泵分别对应各轮灌组提水灌溉。

6.1.8　其他

引黄灌区管道输水灌溉规划设计还应进行如下设计：一是管道系统防止淤积设计；二是管道运行工作制度设计。它的方法可参照本书的第4、5章，在此不再赘述。

6.2　引黄灌区管道输水灌溉设计计算机软件

6.2.1　系统功能

引黄灌区管道输水灌溉设计计算机软件系统采用 Visual Basic 语言编制，系统主要功能包括六个模块，即灌溉制度与系统流量设计模块、管网规划设计模块、管网损失计算模块、管道工作流量控制模块、数据查询模块和系统维护模块。

6.2.1.1　灌溉制度与系统流量设计模块

本模块包括两项功能：一是确定设计灌水定额及设计灌水周期；二是计算灌溉系统设计流量，确定轮灌组数量。

6.2.1.2　管网规划设计模块

本模块包括三项功能：一是管网规划，确定干管、支管数量及长度，每条支管给水栓数量，确定各级管道的设计流量；二是初步确定各级管道的管径；三是不淤流速校核，对初选的管径，通过计算不淤流速校核管径是否合适。

6.2.1.3　管网损失计算模块

本模块包括两项功能：一是管道系统沿程水头损失计算；二是管道系统工作水头（系统扬程）计算。

6.2.1.4　管道工作流量控制模块

本模块主要计算在水温、中数粒径、泥沙密度相同情况下，不同含沙量对应的不淤流速及不淤流量，供运行中参考。

6.2.1.5　数据查询模块

本模块对管网规划设计数据进行查询、打印，包括以下八项查询功能：灌溉制度、系统流量设计、管网规划、管径确定、不淤流速、管道沿程损失、系统设计水头、管道工作流量。

6.2.1.6　系统维护模块

本模块包括数据备份及数据库初始化两项功能。

6.2.2　系统运行

6.2.2.1　系统菜单

系统六个模块(功能)分布于运行窗口上方,模块内各功能采用下拉式菜单,如图 6-1 所示。

图 6-1　系统功能菜单

6.2.2.2　灌溉制度设计

本模块主要计算灌区作物净灌水定额、设计灌水周期。在"灌溉制度与系统流量设计模块"下拉菜单中,运行"灌溉制度设计",界面如图 6-2 所示。

6.2.2.3　系统流量设计

本模块的作用是计算灌溉系统(水源)需要的设计流量,确定灌区轮灌组数量。在"灌溉制度与系统流量设计模块"下拉菜单中,运行"系统流量设计",界面如图 6-3 所示。

6.2.2.4　管网规划

本模块对灌溉系统的干支管数量、长度和给水栓(出水口)数量进行规划设计,依据系统设计流量、轮灌组划分计算各级管道的设计流量。

在"管网规划与管径设计"下拉菜单中,运行"管网规划",界面如图 6-4 所示。

6.2.2.5　管径设计

本模块对灌溉系统的干支管管径进行设计,依据管道设计流量、经济流速计算各级管道的设计管径,以此按标准管径初步确定干支管管径。

在"管网规划与管径设计"下拉菜单中,运行"管径设计",界面如图 6-5 所示。

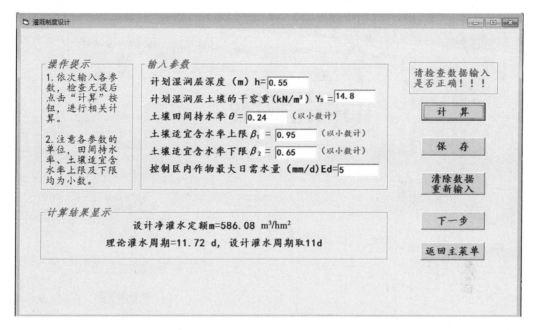

图 6-2　灌溉制度设计界面

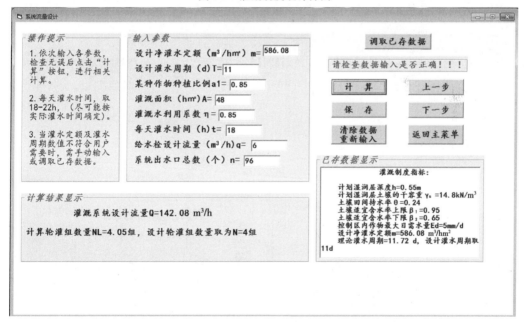

图 6-3　灌溉系统流量设计界面

6.2.2.6　管径不淤流速校核

本模块对灌溉系统干支管管径依据含沙量等条件进行校核,判别初步确定的干支管管径是否满足不淤流速要求。

在"管网规划与管径设计"下拉菜单中,运行"不淤流速校核",界面如图 6-6 所示。

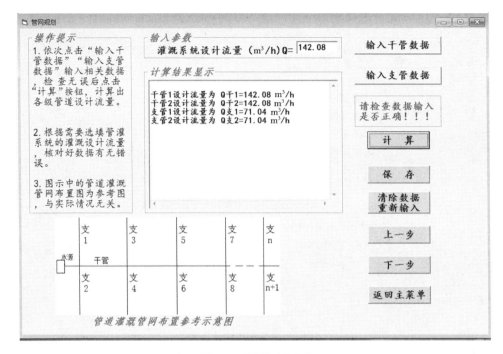

图 6-4　管网规划界面

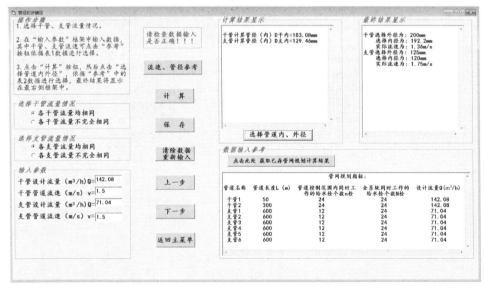

图 6-5　管径设计界面

6.2.2.7　管网沿程损失计算

本模块对灌溉系统的干支管沿程损失进行计算。

在"水头计算"下拉菜单中,运行"管道沿程损失计算",界面如图 6-7 所示。

6.2.2.8　管道系统设计水头计算

本模块对灌溉管网系统的设计工作水头进行计算。

在"水头计算"下拉菜单中,运行"管道系统设计水头计算",界面如图 6-8 所示。

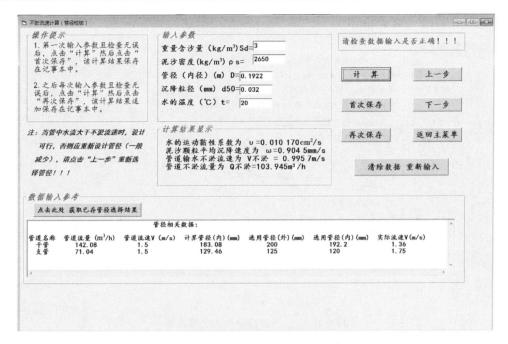

图6-6 不淤流速校核界面

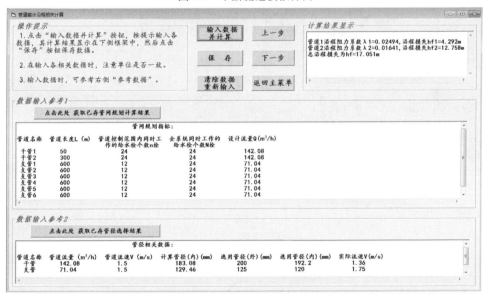

图6-7 管道沿程损失计算界面

6.2.2.9 管道系统工作流量计算

本模块以不淤流速为依据,对灌溉管网系统的各级管道的工作流量进行计算,以指导灌溉系统运行。

运行"管道工作流量计算",界面如图6-9所示。

6.2.2.10 数据查询

本模块对计算的各种数据进行查询和打印。运行"查询与打印",界面如图6-10所

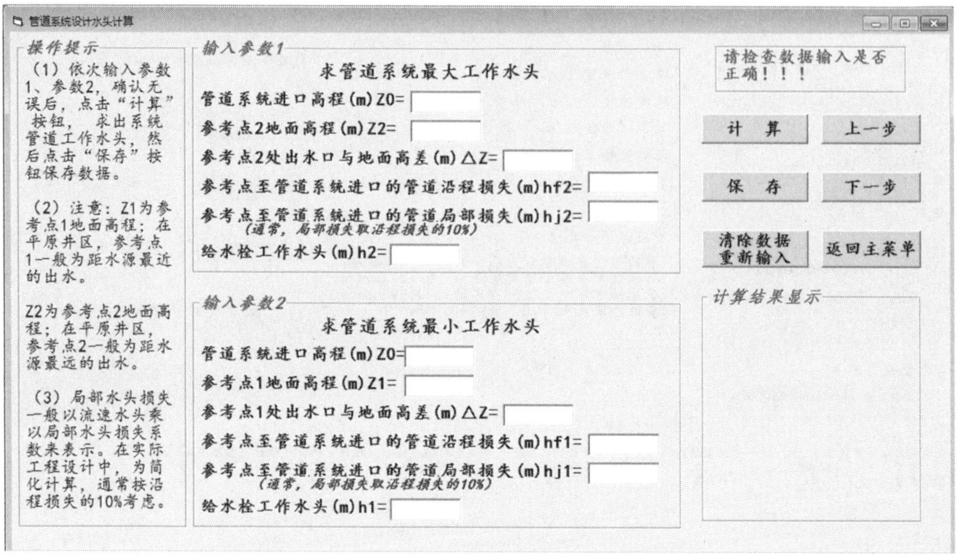

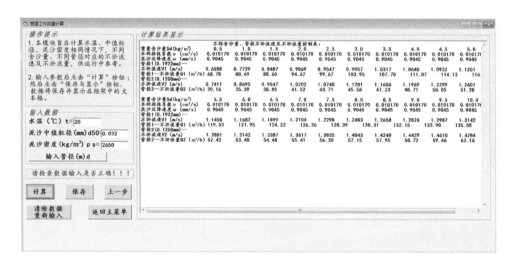

图 6-8　管道系统设计水头计算界面

图 6-9　管道系统工作流量计算界面

示。

6.2.2.11　系统维护

运行"系统维护",界面如图 6-11 所示。本模块包括两项功能:一是对计算的数据进行备份;二是初始化数据文件的数据,即将所有数据文件的数据清除,以便存储另一工程的计算结果。

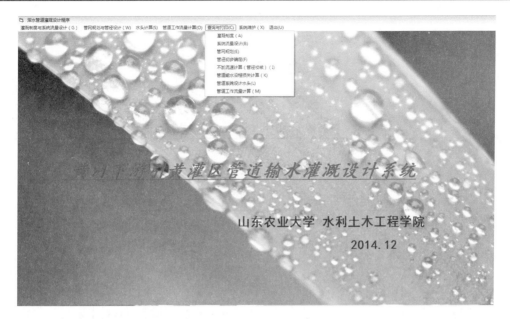

图 6-10 查询与打印界面

图 6-11 系统维护界面

附　录

附表 1　低压输水灌溉用 PVC－U 管材外径和壁厚

公称外径 dn (mm)	平均外径极限偏差	壁厚 e(mm)							
		公称压力 0.2 MPa		公称压力 0.25 MPa		公称压力 0.32 MPa		公称压力 0.4 MPa	
		公称壁厚	极限偏差	公称壁厚	极限偏差	公称壁厚	极限偏差	公称壁厚	极限偏差
75	+0.3 −0.0	—	—	—	—	1.6	+0.4 −0.0	1.9	+0.4 −0.0
90	+0.3 −0.0	—	—	—	—	1.8	+0.4 −0.0	2.2	+0.5 −0.0
110	+0.4 −0.0	—	—	1.8	+0.4 −0.0	2.2	+0.4 −0.0	2.7	+0.5 −0.0
125	+0.4 −0.0	—	—	2.0	+0.4 −0.0	2.5	+0.4 −0.0	3.1	+0.6 −0.0
140	+0.5 −0.0	2.0	+0.4 −0.0	2.2	+0.4 −0.0	2.8	+0.5 −0.0	3.5	+0.6 −0.0
160	+0.5 −0.0	2.0	+0.4 −0.0	2.5	+0.4 −0.0	3.2	+0.5 −0.0	4.0	+0.6 −0.0
180	+0.6 −0.0	2.3	+0.5 −0.0	2.8	+0.5 −0.0	3.6	+0.5 −0.0	4.4	+0.7 −0.0
200	+0.6 −0.0	2.5	+0.5 −0.0	3.2	+0.6 −0.0	3.9	+0.5 −0.0	4.9	+0.8 −0.0
225	+0.7 −0.0	2.8	+0.5 −0.0	3.5	+0.6 −0.0	4.4	+0.7 −0.0	5.5	+0.9 −0.0
250	+0.8 −0.0	3.1	+0.6 −0.0	3.9	+0.6 −0.0	4.9	+0.8 −0.0	6.2	+1.0 −0.0
280	+0.9 −0.0	3.5	+0.6 −0.0	4.4	+0.7 −0.0	5.5	+0.9 −0.0	6.9	+1.1 −0.0
315	+1.0 −0.0	4.0	+0.6 −0.0	4.9	+0.8 −0.0	6.2	+1.0 −0.0	7.7	+1.2 −0.0

注:公称壁厚根据设计应力(σ_s)8 MPa 确定。

* 摘自《低压输水灌溉用(PVC－U)管材》(GB/T 13664—2006)。

附表2 输水用软管公称内径和工作压力

公称内径(mm)	极限偏差(mm)	工作压力(MPa)						
25	±1.0	0.8	0.6	0.5	—	—	—	—
40		0.8	0.6	0.5	0.4	—	—	—
50		0.8	0.6	0.5	0.4	0.3	0.2	—
65	±1.5	0.8	0.6	0.5	0.4	0.3	0.2	—
75		0.8	0.6	0.5	0.4	0.3	0.2	—
80		0.8	0.6	0.5	0.4	0.3	0.2	—
90		—	0.6	0.5	0.4	0.3	0.2	—
100	±2.0	—	0.6	0.5	0.4	0.3	0.2	—
125		—	—	0.5	0.4	0.3	0.2	—
150		—	—	0.5	0.4	0.3	—	—
200	±3.0	—	—	—	—	—	0.2	0.1
250		—	—	—	—	—	0.2	0.1
300	±3.5	—	—	—	—	—	0.2	0.1

* 摘自《输水用涂塑软管》(JB/T 8515—1996)。

附表3 给水用 PVC – U 管材公称压力等级和规格尺寸

公称外径 dn(mm)	管材 S 系列 SDR 系列和公称压力						
	S16 SDR33 PN0.63	S12.5 SDR26 PN0.8	S10 SDR21 PN1.0	S8 SDR17 PN1.25	S6.3 SDR13.6 PN1.6	S5 SDR11 PN2.0	S4 SDR9 PN2.5
	公称壁厚 en(mm)						
20	—	—	—	—	—	2.0	2.3
25	—	—	—	—	2.0	2.3	2.8
32	—	—	—	2.0	2.4	2.9	3.6
40	—	—	2.0	2.4	3.0	3.7	4.5
50	—	2.0	2.4	3.0	3.7	4.6	5.6
63	2.0	2.5	3.0	3.8	4.7	5.8	7.1
75	2.3	2.9	3.6	4.5	5.6	6.9	8.4
90	2.8	3.5	4.3	5.4	6.7	8.2	10.1

注：公称壁厚(en)根据设计应力(σ_s)10 MPa确定,最小壁厚不小于2.0 mm。

* 摘自《给水用硬聚氯乙烯(PVC – U)管材》(GB/T 10002.1—2006)。

附表 4 给水用 PVC - U 管材公称压力等级和规格尺寸

公称外径 dn(mm)	管材 S 系列 SDR 系列和公称压力						
	S20 SDR41 PN0.63	S16 SDR33 PN0.8	S12.5 SDR26 PN1.0	S10 SDR21 PN1.25	S8 SDR17 PN1.6	S6.3 SDR13.6 PN2.0	S5 SDR11 PN2.5
	公称壁厚 en(mm)						
110	2.7	3.4	4.2	5.3	6.6	8.1	10.0
125	3.1	3.9	4.8	6.0	7.4	9.2	11.4
140	3.5	4.3	5.4	6.7	8.3	10.3	12.7
160	4.0	4.9	6.2	7.7	9.5	11.8	14.6
180	4.4	5.5	6.9	8.6	10.7	13.3	16.4
200	4.9	6.2	7.7	9.6	11.9	14.7	18.2
225	5.5	6.9	8.6	10.8	13.4	16.6	—
250	6.2	7.7	9.6	11.9	14.8	18.4	—
280	6.9	8.6	10.7	13.4	16.6	20.6	—
315	7.7	9.7	12.1	15.0	18.7	23.2	—
355	8.7	10.9	13.6	16.9	21.1	26.1	—
400	9.8	12.3	15.3	19.1	23.7	29.4	—
450	11.0	13.8	17.2	21.5	26.7	33.1	—
500	12.3	15.3	19.1	23.9	29.7	36.8	—
560	13.7	17.2	21.4	26.7	—	—	—
630	15.4	19.3	24.1	30.0	—	—	—
710	17.4	21.8	27.2	—	—	—	—
800	19.6	24.5	30.6	—	—	—	—
900	22.0	27.6	—	—	—	—	—
1 000	24.5	30.6	—	—	—	—	—

注:公称壁厚(en)根据设计应力(σ_s)12.5 MPa 确定。

* 摘自《给水用硬聚氯乙烯(PVC - U)管材》(GB/T 10002.1—2006)。

附表5　给水用 PE 管材 PE63 级聚乙烯管材公称压力和规格尺寸

公称外径 dn(mm)	公称壁厚 en(mm)				
	标准尺寸比				
	SDR33	SDR26	SDR17.6	SDR13.6	SDR11
	公称压力(MPa)				
	0.32	0.4	0.6	0.8	1.0
16	—	—	—	—	2.3
20	—	—	—	2.3	2.3
25	—	—	2.3	2.3	2.3
32	—	—	2.3	2.4	2.9
40	—	2.3	2.3	3.0	3.7
50	—	2.3	2.9	3.7	4.6
63	2.3	2.5	3.6	4.7	5.8
75	2.3	2.9	4.3	5.6	6.8
90	2.8	3.5	5.1	6.7	8.2
110	3.4	4.2	6.3	8.1	10.0
125	3.9	4.8	7.1	9.2	11.4
140	4.3	5.4	8.0	10.3	12.7
160	4.9	6.2	9.1	11.8	14.6
180	5.5	6.9	10.2	13.3	16.4
200	6.2	7.7	11.4	14.7	18.2
225	6.9	8.6	12.8	16.6	20.5
250	7.7	9.6	14.2	18.4	22.7
280	8.6	10.7	15.9	20.6	25.4
315	9.7	12.1	17.9	23.2	28.6
355	10.9	13.6	20.1	26.1	32.2
400	12.3	15.3	22.7	29.4	36.3
450	13.8	17.2	25.5	33.1	40.9
500	15.8	19.1	28.3	36.8	45.4
560	17.2	21.4	31.7	41.2	50.8
630	19.3	24.1	35.7	46.3	57.2
710	21.8	27.2	40.2	52.2	—
800	24.5	30.6	45.3	58.8	—
900	27.6	34.4	51.0	—	—
1 000	30.6	38.2	56.6	—	—

* 摘自《给水用聚乙烯(PE)管材》(GB/T 13663—2000)。

附表6　给水用PE管材PE80级聚乙烯管材公称压力和规格尺寸

公称外径 dn(mm)	公称壁厚 en(mm)				
	标准尺寸比				
	SDR33	SDR21	SDR17	SDR13.6	SDR11
	公称压力(MPa)				
	0.4	0.6	0.8	1	1.3
16	—	—	—	—	—
20	—	—	—	—	—
25	—	—	—	—	2.3
32	—	—	—	—	3.0
40	—	—	—	—	3.7
50	—	—	—	—	4.6
63	—	—	3.6	4.7	5.8
75	—	—	4.5	5.6	6.8
90	—	4.3	5.4	6.7	8.2
110	—	5.3	6.6	8.1	10.0
125	—	6.0	7.4	9.2	11.4
140	4.3	6.7	8.3	10.3	12.7
160	4.9	7.7	9.5	11.8	14.6
180	5.5	8.6	10.7	13.3	16.4
200	6.2	9.6	11.9	14.7	18.2
225	6.9	10.8	13.4	16.6	20.5
250	7.7	11.9	14.8	18.4	22.7
280	8.6	13.4	16.6	20.6	25.4
315	9.7	15.0	18.7	23.2	28.6
355	10.9	16.9	21.1	26.1	32.2
400	12.3	19.1	23.7	29.4	36.3
450	13.8	21.5	26.7	33.1	40.9
500	15.3	23.9	29.7	36.8	45.4
560	17.2	26.7	33.2	41.2	50.8
630	19.3	30.0	37.4	46.3	57.2
710	21.8	33.9	42.1	52.2	—
800	24.5	38.1	47.4	58.8	—
900	27.6	42.9	53.3	—	—
1 000	30.6	47.7	59.3	—	—

＊摘自《给水用聚乙烯(PE)管材》(GB/T 13663—2000)。

附表7　给水用 PE 管材 PE100 级聚乙烯管材公称压力和规格尺寸

公称外径 dn(mm)	公称壁厚 en(mm)				
	标准尺寸比				
	SDR26	SDR21	SDR17	SDR13.6	SDR11
	公称压力(MPa)				
	0.6	0.8	1	1.25	1.6
32	—	—	—	—	3.0
40	—	—	—	—	3.7
50	—	—	—	—	4.6
63	—	—	—	4.7	5.8
75	—	—	4.5	5.6	6.8
90	—	4.3	5.4	6.7	8.2
110	4.2	5.3	6.6	8.1	10.0
125	4.8	6.0	7.4	9.2	11.4
140	5.4	6.7	8.3	10.3	12.7
160	6.2	7.7	9.5	11.8	14.6
180	6.9	8.6	10.7	13.3	16.4
200	7.7	9.6	11.9	14.7	18.2
225	8.6	10.8	13.4	16.6	20.5
250	9.6	11.9	14.8	18.4	22.7
280	10.7	13.4	16.6	20.6	25.4
315	12.1	15.0	18.7	23.2	28.6
355	13.6	16.9	21.1	26.1	32.2
400	15.3	19.1	23.7	29.4	36.3
450	17.2	21.5	26.7	33.1	40.9
500	19.1	23.9	29.7	36.8	45.4
560	21.4	26.7	33.2	41.2	50.8
630	24.1	30.0	37.4	46.3	57.2
710	27.2	33.9	42.1	52.2	—
800	30.6	38.1	47.4	58.8	—
900	34.4	42.9	53.3	—	—
1 000	38.2	47.7	59.3	—	—

＊摘自《给水用聚乙烯(PE)管材》(GB/T 13663—2000)。

参 考 文 献

[1] Durand. Basic Relationships of the Transportation of Solids in Pipes – Experimental Research[M]. Minnesota；Proc Minnesota Intern Hyd Conv,1953.

[2] 高桂仙,尚民勇. 东雷抽黄灌区低压管道输浑水应用研究[J]. 泥沙研究,1994(4):60-66.

[3] 周维博,党育红. 低压管灌系统渠灌联接的方式及不淤流速的确定[C]//第三次全国低压管道输水灌溉技术研讨会论文集. 北京:中国农业科技出版社,1994:101-103.

[4] 费祥俊. 浆体的物理特性与管道输送流速[J]. 设计与研究,2000(1):1-8.

[5] 宋天成,万兆惠. 管道输沙的阻力[J]. 泥沙研究,1987(2):30-41.

[6] 邓祥吉,倪福生,罗荣民. 管道输沙阻力损失的2种计算模型[J]. 河海大学常州分校学报,2005,19(1):54-60.

[7] 张英普,何武全,蔡明科,等. 关于浑水管道阻力损失规律的试验研究[J]. 灌溉排水学报,2004,23(4):16-18.

[8] 张中和. 给排水设计手册(第6册)工业排水. 2版[M]. 北京:中国建筑工业出版社,2005.

[9] 何武全,王玉宝,张英普,等. 浑水低压管道输水灌溉的试验[J]. 沈阳农业大学学报,2007,38(1):98-101.

[10] Shook C A. Pipelining Solids:The Design of Short Distance Pipelines[M]. Proc Symp. On Pipeline Transport of Solids,Canadian Soc. Chen. Engin,1969.

[11] 张英普,何武全,蔡明科,等. 关于浑水管道输水系统临界不淤流速的试验研究[J]. 灌溉排水学报,2004,23(6):34-40.

[12] 安杰,宗全利,汤骅. 低压输浑水管道临界不淤流速的试验研究[J]. 石河子大学学报:自然科学版,2012,30(1):83-86.

[13] 钱宁,万兆惠. 泥沙运动力学[M]. 北京:科学出版社,1983.

[14] 任增海. 粗糙管中均质高含沙水流阻力试验研究[J]. 泥沙研究,1989(1):16-24.

[15] 孙东坡,王二平,许继刚,等. 管道高浓度泥浆阻力系数的试验研究[J]. 泥沙研究,2004(4):44-50.

[16] 中华人民共和国水利部. 中国河流泥沙公报2009[M]. 北京:中国水利水电出版社,2009.

[17] 王敬昌. 低压管道输浑水灌溉工程中临界不淤流速的计算及防淤措施[J]. 水利水电技术,1993(3):38-41.

[18] 张庆华,马庆斌,孙智敏. 管道灌溉系统经济管径的计算[J]. 中国农村水利水电,2000(7):14-15.

[19] 王潇. 水库灌区单站提水蓄水池分级研究[D]. 泰安:山东农业大学,2011.

[20] 王小平,曹立明. 遗传算法理论、应用与软件实现[M]. 西安:西安交通大学出版社,2002.

[21] Baskar. Performance of Hybrid Real Coded Genetic Algorithms[J]. International Journal of Computational Engineering Science,2001,2(4):583-601.

[22] 朱鳌鑫. 遗传算法适应度函数研究[J]. 系统工程与电子技术,1998(3):58-62.

[23] 朱家松,龚健雅,郑皓. 遗传算法在管网优化设计中的应用[J]. 武汉大学学报:信息科学版,2003,28(3):253-256.

[24] 薄宏波,胡健,刘新兵,等. 山东省引黄灌区节水灌溉的必要性与主要措施[J]. 水利科技与经济,2013(3):1-3.

[25] 马文敏,蔡瑜,宋华栋. 扬黄灌区管灌防淤塞试验研究[J]. 干旱地区农业研究,2003,21(1):16-20.

[26] 周长岩,孔庆丰,于英武. 引黄灌区管道输送浑水灌溉技术研究[J]. 中国农村水利水电,1994(12).

［27］王咸福,孙久峰.大口径低压管道浑水灌溉的泥沙淤积问题［J］.人民黄河,1993(9):36-37.

［28］张文刚.低压输水管道淤积的原因及防治［J］.治淮,1996,8:21.

［29］王敬昌.低压管道输浑水灌溉工程中临界不淤流速的计算及防淤措施［J］.水利水电技术,1993(3):38-40.

［30］张建中.引黄灌区发展大口径低压管道的实践［J］.甘肃水利水电技术,2005,4:28.

［31］张庆华,毛伟兵,宋学东,等.小型农田水利工程运行现状综合评价指标体系研究［J］.灌溉排水学报,2012,31(3):114-117.

［32］中华人民共和国国家质量监督检验检疫总局,中国国家标准化管理委员会.GB/T 20203—2006 农田低压管道输水灌溉工程技术规范［S］.北京:中国标准出版社,2006.

［33］黄河流域委员会网:http://www.yrcc.gov.cn/黄河泥沙公报.

［34］姜金利,张庆华,程明,等.黄河下游引黄灌区管道输水不淤流速试验［J］.人民黄河,2014,36(8):137-140.

［35］程明,孙丰伟,张庆华,等.黄河下游引黄水管道输水沿程阻力实验研究［J］.灌溉排水学报,2015,34(2):33-36.